小炒

美食生活工作室　组织编写

巧厨娘

十/年/经/典

青岛出版集团 ｜ 青岛出版社

图书在版编目（CIP）数据

巧厨娘十年经典　小炒 / 美食生活工作室组编 . —
青岛 : 青岛出版社 , 2022.1
　　ISBN 978-7-5552-8514-4

　　Ⅰ . ①巧… 　Ⅱ . ①美… 　Ⅲ . ①家常菜肴 – 菜谱 　Ⅳ .
① TS972.127

中国版本图书馆 CIP 数据核字（2021）第 239954 号

	QIAOCHUNIANG SHI NIAN JINGDIAN　XIAOCHAO
书　　　名	巧厨娘十年经典　小炒
组 织 编 写	美食生活工作室
参 与 编 写	谢宛耘　圆猪猪　孟祥健　蜜　糖
出 版 发 行	青岛出版社
社　　　址	青岛市崂山区海尔路182号（266061）
本 社 网 址	http://www.qdpub.com
邮 购 电 话	0532-68068091
策 划 编 辑	周鸿嫒
责 任 编 辑	肖　雷
特 约 编 辑	刘　倩
封 面 设 计	毕晓郁
装 帧 设 计	毕晓郁　叶德永
制　　　版	青岛乐道视觉创意设计有限公司
印　　　刷	青岛新华印刷有限公司
出 版 日 期	2022年1月第1版　2022年1月第1次印刷
开　　　本	16开（787毫米×1092毫米）
印　　　张	14
字　　　数	330千
图　　　数	1471幅
书　　　号	ISBN 978-7-5552-8514-4
定　　　价	39.80元

编校印装质量、盗版监督服务电话　4006532017　0532-68068050
建议陈列类别：生活类　美食类

十年陪伴，味道传承

十年踪迹十年心

2011年，青岛出版社的《巧厨娘家常菜》和《巧厨娘妙手烘焙》悄然上市。自此，"巧厨娘"品牌出现在美食书籍市场。

图片精美，步骤讲解翔实，价格适中。好评如潮水般汹涌而来，市场反响热烈。我们坚信"巧厨娘"系列图书，贴近读者的需求，想读者之所想，是必然可以成功的作品。这也成了支撑我们继续前行的动力。

秉承着这份初心，我们不断壮大"巧厨娘"品牌。十年来，每年出版一季巧厨娘主打产品，并陆续出版了"一本全"系列、"微食季"系列等多种产品。在内容上，我们更加注重健康、实用；在版式上，我们极力追求时尚大方；在图片上，我们要求精益求精。这一系列的改变，只为能够帮助读者快速入手，让大家能够将书里的美味端到餐桌上。

十年风月旧相知

十年的时间，虽然只是岁月长河中的一朵小浪花，却是人生中的一段漫长岁月。

十年前，有些年轻的夫妻对柴米油盐的生活还不熟悉，需要一个生活指导老师来对他们进行手把手的指导。下厨做羹汤，这是生活的第一步。"巧厨娘"实用性强的特点吸引了他们，帮助他们度过了那段懵懂的岁月。那个时候烘焙也刚成为大家的新宠，走在时尚前沿的《巧厨娘妙手烘焙》抓住了这一时代潮流。

十年后，"巧厨娘"传承的味道印在了孩子们的记忆里。孩子们逐渐成长为少年、青年。他们把爸爸妈妈学到的烹饪技能传承了下来。

有的也开始使用新的"巧厨娘"产品，自己下厨做菜。从十指不沾阳春水，到奏响锅碗瓢盆交响曲，把这份爱回馈给辛苦的父母，把这份爱传递给心爱的孩子。

十年磨剑锋刃出

有了十年的积淀，有了读者十年的喜爱，出版这一套"巧厨娘十年经典"系列图书，就是水到渠成的事情了。

这一系列图书共包含《小炒》《凉拌菜》《汤煲》《主食》《烘焙》《家常菜》6种产品，选取了前期作品中的经典菜肴为主打内容，也适当加入了一些新的内容。希望您一如既往地关注我们。

美食生活工作室

目录 CONTENTS

Part 3　食材选菜

扫一扫，加入青版图书数字服务公众号，选择"巧厨娘十年经典 小炒"即可观看带 🎞 图标的美食制作视频。

Part 1

小炒虽简单，
亲情暖全家

一、理论篇

（一）什么是"炒"？

"炒"是一种传统烹调方法。把食物放在锅里加热，并随时翻动将之做熟。炒菜前要先放些油加热。它在家庭烹饪中被广泛使用。

炒的过程中，将食物拨散，收拢，再拨散，重复操作，使食物总是处于运动状态。这种烹调法可使炒出的肉汁多、味美，使做出的蔬菜脆嫩。

炒可分为爆炒、清炒、滑炒、干炒等技法。

（二）炒的基本技法

1. 爆炒

旺火速炒，烹制时间要短。爆炒的方法适宜于烹制新鲜的蔬菜和其他柔嫩的原料。

2. 滑炒

炒制质嫩的荤菜类原料时，多使用滑炒。操作时，先用蛋清、干淀粉将原料上浆，经过滑油处理后再放配料一同翻炒，勾芡出锅。滑油时要防止原料粘连、脱浆。

滑油处理一般要将原料去皮、拆骨、剥壳，加工成丝、丁、粒或薄片等较小的形状，上浆后倒入热锅冷油中，一边加热，一边顺时针转动锅，使原料在锅中滑动起来。滑炒的菜肴的特点是滑嫩爽口。滑炒适用于烹制鸡丝、虾仁等菜品。

3. 清炒

操作方法与滑炒基本相似。这种烹调方法需要把蔬菜等原料在旺火上迅速地炒熟，少加或不加辅料。清炒的要领：原料必须新鲜，切好的用料要整齐。适用于虾仁、肉丝、青菜等原料的烹制。

4. 干炒

又称干煸。这种烹调方法的原理是炒干原料中的水，使原料干香、酥脆。干炒的要领：原料要切成丝状，并在炒前用调料略腌。干炒所用的锅要在炒菜前先烧热，用油涮一下，再留些底油炒菜。火力要先大后小，以免把原料炒煳。

二、
准备篇

（一）如何选择炒锅？

　　工欲善其事，必先利其器。要想在厨房中一展身手，选择一口适合自己的炒锅至关重要。有"翻锅"习惯的人，最好选择重量较轻的锅。对于提倡健康环保理念的人来说，不粘锅是不错的选择，因为不粘锅的用油量通常较少。选购不粘锅时，最好选择那些经过权威机构认证的品牌，以确保品质。

（二）烹炒的食材的预处理

1. 要将所有的食材切细、切薄，切好的食材的大小要尽量一致，使之烹饪时能受热均匀，利于同时炒熟。

2. 鱼、鸡肉质较嫩，烹熟后手稍用力即可撕开，适合顺纹切；猪、牛、羊肉质较粗，需逆纹切，以利于咀嚼。

3. 肉类可以先放入调料腌渍入味，一般来说鸡肉腌 10 分钟即可，猪肉、牛肉、羊肉等则要腌 15 分钟左右。

4. 虾仁先用蛋清抓腌一下，再加入干淀粉和盐拌匀，做好的成品的口感更脆嫩。

（三）不同食材的汆烫技巧

汆烫是使菜肴口感更好的重要环节，可减少食材入锅翻炒的时间。只要火候掌握得当，做出的菜肴自然更鲜嫩。

1. 一般汆烫的方法：锅中加入大量水（至少要能没过食材），大火烧开。将食材入锅，根据食材特点、后继做法的要求，在短时间内使食材达到不同的成熟度。

2. 汆烫蔬菜类的食材时，可以在水中加少许油、盐。这样既可以让食材提前入味，又可保留其原本的颜色。

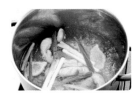

3. 本身有腥味的食材最好放入加有葱、姜、料酒的开水中汆烫，捞出，沥干水后再用于烹调。

（四）不同食材的过油技巧

1. 茄子、青椒等色泽鲜亮的蔬菜常利用过油的方法保持颜色。不过需要的油较多，一般用的油要完全没过食材。

2. 牛肉片、鸡肉丁、猪肉丝过油前可先加入少许油搅拌，以避免食材下锅后相互粘连。

3. 炒菜时多加一些油，放入肉炒至八分熟后，将油倒出，再炒其他配料，也可起到过油的效果。倒出的油也可用来炒其他菜。

三、过程篇

（一）烹炒蔬菜有讲究

蔬菜中的营养物质，尤其是维生素，大部分怕光、怕氧化、怕高温，有的还易溶于水。为减少这些营养物质的流失，烹调中应注意以下几点：

1. **洗菜、切菜** 有讲究

洗菜：菜要先洗后切，切后不要久放；也不要泡在水中过久。

切菜：菜要随切随炒，并且将食材尽量切得大小一致。

2. **炒菜火候** 要注意

要等锅里的油温超过100℃（气泡消失）时，再倒菜入锅。这样既能有效地杀死细菌，又能很快把菜炒熟，还可去掉油和菜的生味。

3. **适量加醋** 可增味

蔬菜炒好即将出锅时，适当放一些醋，可以使菜肴颜色鲜艳，还能增味。

4. **现炒现吃** 最安全

吃剩下的菜回锅重热，会破坏其营养结构。

5. **原料焯水** 详区分

不需要焯水的蔬菜尽量不焯，而某些含草酸较多的蔬菜（如苋菜、菠菜等）必须焯水。要用沸水焯水，且捞出后尽量不要直接挤去汁水。

6. **旺火急炒** 效果好

蔬菜，尤其是卷心菜、甜菜和大白菜等所含的营养成分大都不耐高温。

各种原料运用旺火急炒的烹饪方法，可缩短菜肴的加热时间，减少原料中营养素的损失。

7. **勾芡收汁** 保营养

勾芡收汁可使汤汁浓稠，与菜肴充分融合，既可以避免营养素的流失，又可使菜肴味道更可口。

（二）如何炒出颜色青翠的蔬菜？

1. 加足量的油

在烹炒菠菜、油菜等青菜时，菜品容易变黑。解决这一问题的关键是油量要多。充足的油将青菜包覆起来，菜就不容易炒黑了。

2. 旺火快炒

一定要用最短的时间将蔬菜炒熟，以保持蔬菜的色泽，同时也尽可能多地保留其营养成分。

3. 加盐、料酒

锅中加入少许盐，并在锅边烹入料酒，也有助于食材保持原本的颜色。

4. 菜梗、菜叶 分开炒

先将菜梗入锅炒至快熟，再放入菜叶快炒。这样炒出来的菜梗和菜叶，其颜色和脆爽口感会比较一致。

（三）鱼肉怎样炒才不会散？

1. 顺纹切片

切鱼片必须要顺着纹路切开，炒制时肉才不容易散碎。

2. 腌制上浆

鱼肉过油前宜先用淀粉、蛋清等腌制上浆。鱼肉表面形成了一层保护膜，不容易破碎。

3. 过油定形

炒制前，可将鱼肉过油定形。过油的鱼肉内部比较柔软，外观形状完整。

4. 少用锅铲

鱼肉入锅后，应尽量用手推动炒锅使鱼肉均匀成熟，减少翻拌以免弄碎鱼肉，使鱼肉保持形状完整，同时兼顾美味。

（四）什么肉适合生炒？什么肉需要过油？

1. 油脂多 宜生炒

富含油脂的肉，如五花肉等最宜直接入锅炒，不用过油或氽烫则能炒出鲜嫩多汁的菜品。也有人为了增加香气，先入锅以小火煸炒出肉中多余的油脂，这样既能增加肉的酥香，又使其吃起来更具嚼头。此外，香肠、腊肉等腌制肉品，既有足够的油脂，又有特殊的熏香，是非常适合生炒的肉类。

2. 油脂少 要加水及过油

一般来说，里脊肉丝、鸡丁等食材的脂肪较少。这些食材在腌制时可以加入少许水搅拌均匀，以增加肉的含水量，从而使做出的成品口感变得更鲜嫩。加水后再过油，肉丝、鸡丁不会因为加热过久而丧失水分，变得老硬。

Part 2

小炒明星

三丁茄子 | 难度★★

原料　茄子 300 克，青椒、火腿、洋葱各 50 克

调料　葱花、姜末、蒜片共 12 克，鲜汤 50 毫升，盐 3/5 小匙，味精 1/5 小匙，水淀粉 10 克，植物油 600 克（实耗 35 克），干淀粉适量

步骤

1 将青椒、洋葱分别洗净，切成丁。火腿切丁，备用。

2 茄子切丁，表面裹一层干淀粉。

3 炒锅中加入植物油烧至五六成热，将茄丁入锅过油炸熟，捞出备用。

4 炒锅内加入少许植物油，烧至七八成热时放入葱花、姜末、蒜片爆香，加入茄丁、青椒丁、火腿丁、洋葱丁翻炒均匀。

5 锅中加入盐、味精、鲜汤炒至入味，用水淀粉勾芡，出锅装盘即成。

青红椒炒茄丝 | 难度★★

原料 茄子 400 克，青椒、红菜椒共 100 克

调料 蒜泥 10 克，盐 3/5 小匙，味精 1/5 小匙，植物油 35 克，葱末、姜末各少许

步骤

1
茄子去蒂洗净，切成粗丝，用清水浸 2 分钟。

2
青椒、红菜椒去蒂，去籽，洗净，切成丝。

3
炒锅置旺火上烧热，倒入植物油烧至七八成热，放入蒜泥、葱末、姜末煸香。

4
放入青椒丝、红菜椒丝略煸。

5
再倒入茄丝炒软，加盐、味精炒匀，出锅装盘即可。

橙汁茄排 | 难度★★

原料 茄子 250 克，鸡蛋 1 个，面包糠、面粉各少许

调料 香菜少许，橙汁 100 克，白糖 2 大匙，醋 1 大匙，植物油 1000 克（实耗 40 克）

步骤

1 将茄子洗净，去皮，切片。

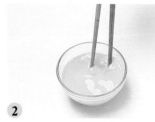

2 鸡蛋打在碗中，搅散。

3 茄子片依次蘸上面粉、蛋液、面包糠，备用。

4 锅中加入植物油烧热，放入茄子片炸至呈金黄色，捞出，在盘中摆成茄排。

5 锅放少许植物油烧热，加橙汁、白糖、醋烧开，浇在茄排上，加香菜装饰即成。

炸茄盒 | 难度★★

原料 茄子 300 克，猪五花肉 200 克，鸡蛋 2 个，面粉少许

调料 葱、姜、蒜、盐、味精、香油、胡椒粉、椒盐、甜面酱、花生油各适量

步骤

1
猪五花肉切末，葱、姜、蒜切末。鸡蛋、面粉和水调成蛋糊。

2
猪肉末放碗中，加入葱末、蒜末、姜末、盐、味精、香油、胡椒粉搅至上劲，制成肉馅。

3
茄子洗净，斜切成夹刀片。

4
将肉馅填入茄片中即成茄盒生坯。挂蛋糊，备用。

5
锅内放花生油烧热，加入茄盒炸至呈金黄色。捞出茄盒装盘，配椒盐和甜面酱食用。

虾仁烧茄子 | 难度★★

原料　圆茄子1个，鲜虾仁6个

调料　葱末、姜末各少许，蒜末5克，冰糖5颗，八角1颗，酱油1小匙，
　　　　蚝油2小匙，色拉油适量，香菜少许

步骤

1　圆茄子去蒂，用刀将茄皮去掉。

2　削好皮的茄子切成厚片。

3　锅热后加色拉油。油热后加虾仁，煸炒成熟后铲出。虾油留锅中。

4　切好的茄子片放入虾油中煎制。

5　茄子片煎至两面金黄、变软、水出尽，盛出。

6　炒锅洗净后烧热，加入适量色拉油及冰糖，烧至冰糖化开后放入煎好的茄子片，翻炒至糖色均匀。

7　锅中加入蚝油、葱末、八角、姜末，继续翻炒至出香味。

8　锅中加入酱油调配颜色后，加入蒜末，盛出后将虾仁摆在茄子上，用香菜装饰即可。

鱼香肉末烧茄子 | 难度★★

原料 茄子 3 个，肉末 80 克

调料
A. 酱油 1/2 大匙，水 1 大匙，干淀粉 1/2 小匙
B. 辣豆瓣酱 360 克，酱油 2 小匙，盐 1/4 小匙，醋、料酒各 1/2 大匙，白糖 1 小匙，水 4 大匙
C. 香油 1/4 小匙，花生油 5 大匙，蒜末、姜末各 10 克，盐水适量

步骤

1
茄子削去外皮，切成约 6 厘米长的段，再切成条。

2
茄条放入盐水中泡一下，捞出，沥干水。

3
肉末用调料 A 抓拌均匀，腌至入味。调料 B 放入碗中调匀，备用。

4
炒锅加花生油烧热，放入茄条，大火炒至变软，盛出。

5
用锅中余油爆香肉末、蒜末、姜末，再倒入调好的调料 B。

6
放入茄条炒拌均匀，小火烧一下使茄子变软、入味，淋香油，略拌即可。

美味鲜茄赛鲅鱼 | 难度★★

原料 长茄子 500 克，鸡蛋 2 个，面粉 50 克，红菜椒粒少许

调料 蒜末 30 克，香菜 3 克，盐 2 小匙，高汤粉 1 小匙，白糖、料酒、水淀粉各 1/2 小匙，植物油 30 克

步骤

1

长茄子洗净，切成较厚的段，每段顶部切花刀。

2

茄子段加 1 小匙盐腌 15 分钟左右，至茄子变软。鸡蛋磕入碗中制成蛋液备用。

3

将茄子段裹匀面粉，挂鸡蛋液，放入热油锅用中小火煎熟。

4

茄子段翻面，另一面也煎熟后出锅装盘。

5

用剩余的盐、白糖、高汤粉、料酒、水淀粉调成汁，放入锅中，烧开后淋在茄子段上。蒜末和红菜椒粒用底油炸香，放在茄子段上。

麻辣茄段

｜难度★★★

原料 长茄子（细的）2个，猪肉馅 30克

调料 水淀粉、辣豆瓣酱各1大匙，料酒、醋各1/2大匙，酱油1大匙，盐、香油、花椒粉各1/4小匙，白糖1/2小匙，蒜末5克，葱花15克，植物油适量

步骤

① 茄子洗净，带皮切滚刀块。

② 锅中加入适量植物油烧热，将茄块放入热油锅中炸软，捞出沥干油。

③ 另起炒锅，放入2大匙植物油烧热，炒香猪肉馅和蒜末。

④ 加入辣豆瓣酱炒香，再依次加入料酒、酱油、盐、白糖和水。

⑤ 放入茄块轻轻拌炒，炒1分钟至入味，沿锅边淋入醋。

⑥ 用水淀粉略勾薄芡即可关火。

⑦ 滴入香油，撒入花椒粉和葱花，略调拌即可装盘。

家味地三鲜

| 难度★★★

原料 圆茄子1个，四季豆150克，土豆1个

调料 冰糖10粒，八角1颗，蚝油2小匙，蒜末、色拉油各适量

准备 圆茄子洗净，去皮，切半圆厚片。四季豆掰成寸段。土豆切成与四季豆同宽的长条。

步骤

1 将茄片放入烧热色拉油的油锅内煎制。

2 茄片煎至软烂后铲出控油。

3 土豆条及四季豆段一起放入锅中煸炒至成熟。

4 另起锅，炒锅内加入少量色拉油及冰糖、八角。

5 冰糖化开时放入煎好的茄片，炒匀糖色后加入蚝油。

6 四季豆段与土豆条同时加入锅中，与茄片一起翻炒收匀汤汁，出锅装盘后撒上蒜末即可。

炒蟹粉 | 难度★★

原料 熟土豆泥250克，熟胡萝卜泥100克，鸡蛋2个，熟香菇、熟冬笋各25克，青椒粒、红菜椒粒各少许

调料 盐3/5小匙，料酒、白糖、醋各1小匙，味精、胡椒粉各1/5小匙，姜末5克，植物油30克

步骤

1
将土豆泥和胡萝卜泥混合在一起，装入碗中。

2
熟冬笋与熟香菇均切成细末。另取一个碗，将鸡蛋打成全蛋液倒入碗内，加部分姜末搅匀，制成蛋浆。

3
炒锅烧热，倒入少许植物油，放入混合好的双泥，用炒勺不停翻炒至松散，盛出。

4
锅中加入余下的油烧至六成热。倒入加了姜末的蛋浆炒碎。

5
再和双泥拌匀。

6
加入盐、白糖、料酒、香菇末、冬笋末、剩余姜末，翻炒均匀。

7
至汁浓入味后倒入醋，放入味精，撒上胡椒粉，装盘撒上青椒粒、红菜椒粒即可。

醋熘土豆丝 | 难度★★

原料　土豆 400 克

调料　香菜段、葱丝、盐、味精、香醋、花椒油、花生油各适量，红辣椒丝少许

步骤

1. 土豆去皮，切细丝，放入清水中焯水至变色。
2. 捞出土豆丝，沥干水。
3. 锅内放花生油烧热，下葱丝、花椒油炒香。加入土豆丝翻炒，随即加盐、味精翻炒均匀。
4. 出锅时烹入香醋，撒入香菜段，用红辣椒丝点缀即成。

风味土豆泥 | 难度★★

原料　土豆 500 克，肉末 100 克，红菜椒末、青椒末各适量

调料　葱花 8 克，大豆酱 1 袋，白糖 1 小匙，味精 2/3 小匙，老抽 1/2 小匙，水淀粉 12 克，植物油 30 克，盐少许

步骤

1. 将土豆去皮，蒸熟。放在盘中用刀压扁，然后碾成土豆泥。
2. 炒锅烧热，倒入植物油烧至六七成热，放入肉末、葱花炒香。
3. 加入盐、白糖、老抽、大豆酱、味精翻炒，用水淀粉勾芡，制成风味酱。
4. 做好的风味酱浇在土豆泥上，撒上焯熟的红菜椒末、青椒末即可。

土豆花肉烧豆角

| 难度★★★

原料　土豆(选大一点的)1个,四季豆200克,
五花肉块200克

调料　葱1棵,干红辣椒2个,花椒25粒,八
角2颗,草果1个,料酒1大匙,生抽2
大匙,盐1小匙,花生油、蒜片各适量

步骤

1. 花椒、八角、草果制成料包。干红辣椒和葱切段。
   四季豆掰成段。土豆切块。锅中加入花生油,
   烧热后放入切好的土豆块,小火煎至微微泛黄。
2. 另起锅,花生油烧热后放入蒜片和干红辣椒
   段。小火煸香后,放入五花肉块。
3. 倒入四季豆段和煎好的土豆块。放入盐,加
   入料酒和生抽,炒匀后放入料包和葱段。
4. 加入清水至2/3处,大火烧开后,转小火,
   盖上锅盖烧20分钟即可。

蛋皮酸菜土豆泥

| 难度★★★

原料　酸白菜半棵,四川酸菜半棵,土豆2个,
鸡蛋4个

调料　花生油、葱末、姜末各适量,香菜4根,
枸杞少许

步骤

1. 酸白菜、四川酸菜挤干,切碎。土豆蒸熟后
   放入密封袋中碾成土豆泥。
2. 锅热后放花生油、葱末、姜末煸香,再放入两
   种酸菜碎煸炒均匀,加入土豆泥用力翻炒均匀。
3. 摊好鸡蛋皮,将其平铺于菜板上,加入酸菜
   豆泥。将蛋皮四周兜起。
4. 用香菜梗将收起来的蛋皮系紧,依次做好,用
   香菜叶和枸杞装饰即成。

拔丝豆腐 | 难度★★

原料　豆腐 400 克

调料　植物油1500克（实耗25克），盐3/5小匙，白糖120克，干淀粉30克

步骤

1. 豆腐用开水烫一下，改刀切成丁，加少许盐腌渍，备用。
2. 炒锅烧热，倒入植物油烧至六七成热，将豆腐丁拍上干淀粉下锅炸至金黄色，捞出沥油。
3. 净炒锅复置火上，将水、糖按 1：6 的比例加入锅中，中小火熬制。
4. 待糖色发黄时加入豆腐丁迅速翻炒均匀，装入抹有油的盘中即成。

胡萝卜炒豆腐

| 难度★★

原料　胡萝卜 300 克，豆腐 100 克

调料　盐 5 克，酱油 8 克，素蚝油、植物油各适量

步骤

1. 将胡萝卜洗净，切丝。
2. 豆腐用凉水冲洗净，捣碎备用。
3. 胡萝卜丝入沸水中焯熟，捞出沥干。
4. 锅中下油烧热，放入豆腐炒干水分。再下入焯熟的胡萝卜丝，调入盐、素蚝油、酱油，翻炒 2 分钟即可。

韭菜炒豆腐 | 难度★★

原料 韭菜 150 克，豆腐 300 克

调料 花生油、盐、酱油、葱丝、姜丝、花椒油各适量

步骤

1. 韭菜择洗净，切成段。豆腐切成长条。
2. 锅中加花生油烧热，加入豆腐条慢火煎炒至呈淡黄色，盛出。
3. 净锅加花生油烧热，下葱丝、姜丝爆香，放入韭菜段稍炒。
4. 加入煎好的豆腐条和少许水，放盐、酱油调味炒匀，淋花椒油即可。

京酱素肉丝 | 难度★★

原料 腐竹 200 克，青椒丝、红菜椒丝少许

调料 姜末8克，盐、味精各2/3小匙，白糖、酱油各2小匙，鲜汤80克，甜面酱20克，水淀粉10克，料酒、香油各1小匙，植物油30克

步骤

1. 腐竹用水泡软，切成细丝。
2. 腐竹丝加姜末、味精及一半的盐、料酒腌渍，然后放入已经烧热植物油的锅中略炒后盛出。
3. 底油烧热，放入甜面酱炒香。
4. 下入腐竹丝、酱油、白糖、剩余盐、鲜汤炒匀，用水淀粉勾芡，淋上香油，出锅装盘用青椒丝、红菜椒丝装饰即成。

椒盐豆腐

| 难度★★★

原料 豆腐 300 克，鱼肉 50 克，猪肥膘 20 克，鸡蛋皮 1 张，火腿末、青菜叶末各 15 克，鸡蛋（打蛋液）2 个，面包糠 20 克，鸡蛋清少许

调料 葱姜汁 15 克，盐 2/3 小匙，料酒 2 小匙，花椒盐、香油各 1 小匙，胡椒粉 1/2 小匙，植物油 1000 克（实耗 35 克），干淀粉 30 克

步骤

1
豆腐、鱼肉、猪肥膘分别斩成蓉，放入容器中。

2
在上述制好的原料蓉中加入盐、料酒、葱姜汁、胡椒粉、干淀粉、鸡蛋清拌和均匀。

3
鸡蛋皮摊平，上面摆放调好味的原料蓉，抹平。

4
撒上火腿末、青菜叶末，两边蛋皮向中间叠起。

5
蘸上鸡蛋打成的蛋液封口，拖蛋液、拍面包糠，做成长方形豆腐块生坯。

6
炒锅加入植物油烧至六七成热，将豆腐块生坯入锅炸至呈金黄色，捞出沥油。

7
炸好的豆腐块放在砧板上，斜切成厚片，装盘，淋上香油，撒上花椒盐即成。

铁板豆腐

┃ 难度★★★

原料 豆腐 300 克，胡萝卜、青豆、金针菇各 50 克，水发木耳 2 朵，玉米笋 4 条，青椒 1 个

调料 葱花、姜片共 15 克，酱油 2 小匙，白糖 2 小匙，水淀粉 10 克，鲜汤 120 克，盐 3/5 小匙，植物油 800 克（实耗 40 克）

步骤

1
豆腐切成三角块，金针菇切去根部，青椒、木耳、胡萝卜、玉米笋均切片，青豆洗净。

2
豆腐块放入七八成热油中略炸至呈浅黄色，捞出。

3
胡萝卜片、青豆、金针菇、玉米笋片、木耳片放入沸水中烫熟，捞出控水。

4
炒锅烧热，倒入植物油，加青椒片、姜片、葱花煸香，加入焯过的原料炒制。

5
加入豆腐块，调入酱油、白糖、盐、鲜汤烧沸。

6
用水淀粉勾芡，盛放在烧热的铁板上即可。

笋菇腐皮卷

| 难度★★

原料 豆腐皮150克，淡笋干100克，干香菇20克

调料 盐5克，味精2克，酱油10毫升，蚝油、香油各少许，白糖、高汤、植物油各适量

制作心得 将豆腐皮卷入油锅炸制前挂糊，豆腐皮卷不易散，且不易炸煳。

步骤

1 淡笋干用水泡发好，捞出，沥干水。

2 将豆腐皮切成4厘米长的段。每3张豆腐皮叠放在一起，笋干放在豆腐皮短边的一端，将笋干卷起，制成豆腐皮卷。

3 干香菇泡发好，切片备用。

4 锅中加入植物油烧热，将卷好的豆腐皮卷下入锅中，炸至呈金黄色时捞出。

5 锅内留少许油，煸香香菇片。

6 锅内放入盐、酱油、蚝油、白糖、豆腐皮卷、高汤，同煮3分钟。

7 待汤汁快收干时加入味精，淋上香油即可。

爆素肉丝

| 难度★★

原料 泡发的腐竹 200 克，嫩韭菜 150 克，鸡蛋清 1/2 个

调料 干淀粉适量，葱丝、姜末各 5 克，盐 2/5 小匙，味精 1/5 小匙，酱油 1 小匙，鲜汤 80 克，植物油 500 克（实耗 35 克），水淀粉 20 克

步骤

1 腐竹洗净，切成 3 厘米长的段，再切成丝。

2 将鸡蛋清打散，加干淀粉、少许酱油适当搅拌，放入腐竹丝调匀。

3 将韭菜择洗净，切成 3 厘米长的段，备用。

4 炒锅置火上烧热，加植物油烧至五六成热，放入腐竹丝略炸一下，捞出。

5 炒锅留底油，旺火烧热，下入葱丝、姜末炝锅，加入韭菜段、腐竹丝煸炒。

6 调入盐、味精、剩余酱油、鲜汤，开锅后用水淀粉勾芡，淋少许明油，出锅即成。

青蒜鸡蛋干

| 难度★★

原料 鸡蛋干1袋，青椒1个，青蒜苗2根

调料 植物油、盐、酱油各适量，蒜瓣3瓣，红辣椒（切段）2个

小知识 鸡蛋干是一款近年来我们餐桌上常常出现的新食材。它是用鸡蛋清制作而成的，极易入味。吃起来口感细腻。

步骤

1 长方形鸡蛋干对切后再沿斜对角线切成三角块。

2 将三角块再分切成三至四份，待用。

3 青蒜苗洗净后切成寸段。

4 青椒去籽，切成方块。

5 炒锅烧热后加入少许植物油，放入鸡蛋干块煎至金黄。

6 放入处理好的青椒块、青蒜苗段、红辣椒段、蒜瓣，与煎好的鸡蛋干块同炒，加入酱油、盐调味即可。

烧汁豆腐盒

│ 难度★★

原料 猪肉馅 100 克，卤水豆腐 500 克

调料 酱油、番茄沙司各 4 小匙，香油、蚝油各 1 小匙，姜末少许，干淀粉 20 克，白糖 1/2 小匙，盐、色拉油各适量

用具 小圆勺 1 个

准备 豆腐切成小长方块。

制作心得
◎ 挖豆腐时不要太用力，否则会使整个豆腐块破裂。
◎ 蘸干淀粉的目的是保护肉馅，使其在煎制时不易脱落。

步骤

1
猪肉馅里加入香油、酱油、部分姜末和适量盐调拌均匀。

2
用小匙在小长方块豆腐上方表面挖出球形。

3
豆腐块逐个挖好。

4
在豆腐块挖好的小孔内加满馅料，四周蘸一薄层干淀粉。

5
平底锅烧热后加入色拉油，油温达到七成热时加入豆腐块煎制，煎好后盛出。

6
锅内加入少许油，用剩下的姜末炝锅后加番茄沙司、白糖、蚝油、清水，熬至汤汁浓稠后淋在煎好的豆腐块上即可。

麻香豆腐

| 难度★★

原料 卤水豆腐1块，猪肉50克，香菇5朵

调料 郫县豆瓣酱50克，花椒20粒，盐、姜末、蒜末各少许，植物油适量，红辣椒碎少许，香葱（切葱花）1根

准备 将猪肉洗净，剁成末。郫县豆瓣酱稍微剁一下。香菇洗净，去蒂，切小块。花椒用小火焙香，碾碎成花椒面。

步骤

1 卤水豆腐切成小四方丁。

2 锅内水烧开后加入少许盐，放入豆腐丁焯水，去豆腥味。

3 炒锅烧热后放入少量油，加入肉末炒熟，铲出备用。

4 炒锅重新加热后放入红辣椒碎、姜末、蒜末，煸香后加入郫县豆瓣酱炒香，再加入肉末。

5 豆腐丁放入锅中翻炒，加入香菇块，大火烧开。

6 汤汁浓稠时加入花椒面，出锅后炝入热油撒上葱花即可。

茄汁豆腐丸子 | 难度★★

原料 番茄 3 个，猪肉馅 250 克，卤水豆腐 150 克，干香菇 3 朵

调料 香油 4 小匙，葱末、姜末各少许，酱油 2 小匙，色拉油、盐、鸡汤、葱花各适量，白糖 1 小匙

准备 香菇发好后，剁成碎末。番茄切成块。

制作心得

◎ 制作丸子时，用的肥肉与瘦肉的比例是 3：7，肥瘦相间的肉馅制作出的丸子才会松软可口。
◎ 在馅料里添加鸡汤或纯净水能使丸子吃起来鲜嫩多汁。

步骤

1
猪肉馅内加入葱末、姜末、香油、酱油后用力搅匀，逐渐添加一些鸡汤，调匀。

2
卤水豆腐用手捏碎成小颗粒状，放入肉馅里，同时慢慢搅拌。

3
将香菇碎添加到馅料里。将拌好的馅料团成小丸子。

4
炒锅烧热后加入色拉油，油量稍多一些。油温达到八成热时放入丸子炸至成型，捞出凉凉。

5
净锅烧热后加入适量色拉油，用葱花炝锅后加入番茄块煸炒，添加白糖，熬成番茄酱。

6
将炸好的丸子放入番茄酱内炖煮至成熟即可。

芫爆肉丝 | 难度★★

原料　猪肉 100 克

调料　香菜（切段）50 克，盐、香油、胡椒粉
各 1/2 小匙，香葱段 10 克，红米椒（切碎）
1 个，姜（切丝）2 片，干淀粉少许，花
生油适量

步骤

1. 猪肉切丝，加入少许干淀粉和 1/4 小匙盐腌制。
   将剩余的盐、胡椒粉和香油拌匀，调成料汁。
2. 锅内加入花生油，油烧至三成热时，放入肉
   丝快速滑散，待肉丝变色之后沥油捞出。
3. 锅留少许底油，烧热后放入香葱段、姜丝爆香。
4. 放入肉丝和香菜段迅速炒匀。倒入调好的料
   汁，快速炒匀后取出装盘，放上红米椒装饰
   即可。

京酱肉丝 | 难度★★

原料　猪里脊 250 克，黄瓜丝 100 克，豆腐皮（切
块）200 克

调料　葱丝 100 克，甜面酱 50 克，白糖 1/2 小
匙，葱花、蒜末各少许，盐、酱油、色
拉油各适量，水淀粉 20 克

步骤

1. 猪肉切成细丝后加入盐、水淀粉抓匀，上浆。
   封好色拉油静置 20 分钟。
2. 豆腐皮块、葱丝、黄瓜丝在盘中摆好，待用。
   甜面酱内调入白糖。
3. 炒锅烧热后加入色拉油，将肉丝滑炒至全部
   变成粉白色后捞出控油。
4. 炒锅内重新加入色拉油，用葱花、蒜末炝锅
   后加入甜面酱、酱油、肉丝翻炒 3 分钟至成
   熟即可。

蚝油里脊

| 难度★★

原料 猪里脊 250 克，青椒 100 克

调料 蒜粒、豆豉、蚝油、料酒、酱油、盐、味精、水淀粉、花生油各适量

步骤

1

猪里脊肉洗净，切成稍厚的片。

2

猪肉片放碗内，加入料酒、酱油、水淀粉拌匀，腌制上浆，待用。

3

豆豉剁成碎粒。青椒去蒂、籽洗净，切块。

4

青椒块放入开水锅中焯烫一下，捞出沥干。

5

炒锅放入花生油烧热，下蒜粒、豆豉粒爆香，放入猪肉片炒散。

6

加入青椒块、味精、蚝油、盐翻炒片刻，加少许水烧开。

7

用水淀粉勾芡，炒匀，出锅即成。

肉丝炒双脆 | 难度★★

原料 猪肉丝 150 克，干贡菜 100 克，榨菜疙瘩 70 克，红菜椒 3 个

调料 A. 酱油、干淀粉各 1 小匙，水 2 大匙
B. 料酒 1 小匙，酱油 1/2 大匙，盐少许，白糖 1/2 小匙，水 2 ~ 3 大匙，香油少许
C. 植物油 2 大匙

步骤

1 红菜椒去籽，切丝。猪肉丝用调料 A 拌匀，腌 20 分钟。

2 干贡菜泡水约 30 分钟至涨发开。

3 抓洗一下贡菜，切掉较硬的梗端，再切成段。

4 贡菜段放入滚水锅中烫 10 秒钟，捞出。

5 榨菜疙瘩快速冲洗一下，切成丝。

6 炒锅加入植物油烧热，放入猪肉丝炒熟。

7 放入红菜椒丝同炒，再加入贡菜段和榨菜丝炒匀。

8 放入调料 B 再炒匀，关火即可。

炸灌汤丸子 | 难度★★

原料　猪瘦肉 250 克，黄瓜片 2 片，鸡蛋清 30 克，面包糠 50 克

调料　植物油 500 克，高汤冻 100 克，干淀粉 50 克，盐 2 小匙，
五香粉 1 小匙

步骤

1

猪瘦肉洗净，剁成肉泥，放入
碗内，加入盐、鸡蛋清、干淀
粉拌匀。

2

高汤冻切成 1 厘米见方的块，
共切 12 块，待用。

3

将调好的肉泥做成 12 个直径
约 2.5 厘米的丸子，每个肉丸
中间包 1 块高汤冻。

4

肉丸表面均匀地滚上一层面
包糠。

5

炒锅置中火上，倒入植物油烧
至五六成热，逐个放入肉丸。

6

炸至肉丸表面呈棕黄色时捞
出，每个丸子装入一个方形小
盘，配上 2 片黄瓜片。蘸五香
粉食用即可。

腐竹烧肉 | 难度★★

原料 带皮猪五花肉 750 克，水发腐竹 200 克，菠菜 250 克

调料 葱段、姜片各 30 克，白糖 15 克，酱油 40 克，盐、八角、花椒各 2 克，香油、植物油、绍酒各 20 克，鲜汤 1500 克

制作心得

◎ 猪五花肉要炖至熟烂，腐竹要发透、烧烂。

◎ 炒菠菜要掌握好火候，使炒熟的菠菜色绿质脆。开锅后要改用微火，待肉快烂时再加盐。

步骤

1 水发腐竹洗净，切成长段。

2 菠菜择洗干净，切长段。猪五花肉切成 5 厘米见方的块。

3 腐竹用沸水烫过，捞出沥干。

4 五花肉块用沸水余烫，捞出沥干。

5 炒锅置火上，加入香油烧至三成热，放入花椒、八角炸出香味，然后放入葱段、姜片煸炒。

6 放入五花肉块，加入绍酒、白糖炒 3 ~ 5 分钟。

7 再加入酱油、1 克盐、鲜汤，用旺火烧开，转用小火烧至五花肉块九成熟。放入腐竹段，继续用小火烧至汤汁浓稠，拣去花椒、姜片和八角，装盘。

8 炒锅重置旺火上，加入植物油烧至五成热，放入菠菜段，加 1 克盐煸炒至断生。

9 将菠菜段出锅，摆在炒好的五花肉块和腐竹段的四周即成。

醪糟红烧肉

| 难度★★

原料 带皮五花肉 750 克

调料 鲜汤 1000 克，醪糟汁、冰糖各 75 克，胡椒、葱、姜、色拉油、酱油、盐各适量

步骤

1
锅中加入 100 克清水、75 克冰糖，炒至收汁变成红色，盛出。倒入 50 克清水中，制成糖色，备用。

2
五花肉洗净，切成 5 厘米长的片。葱切段，姜拍破。

3
炒锅放入色拉油烧热，放入肉片炒至刚吐油。

4
加葱段、姜煸炒，倒入鲜汤烧沸，撇去浮沫。

5
肉片和鲜汤一起倒在汤锅中，加入盐、酱油、胡椒、糖色和醪糟汁。

6
用小火慢烧 1 小时，至色红、汁浓时装盘即可。

小白菜烧丸子 | 难度★★

原料 猪肉馅 250 克，小白菜 500 克，粉条（烫熟）30 克

调料 葱末、姜末各少许，蒜瓣（切片）3 瓣，酱油、香油各 2 小匙，水淀粉 10 克，盐、色拉油各适量

步骤

1
猪肉馅里加入酱油、香油、盐调和均匀。

2
将肉馅做成小肉丸子，炒锅烧热，加入适量色拉油烧热后放入小肉丸炸至成熟。

3
炸好的小肉丸子控油、凉凉备用。

4
煮锅内加水，烧开后放入小白菜焯水至变色。将小白菜捞出放入凉水中，然后捞出切碎待用。

5
炒锅烧热后加入色拉油，用蒜片炝锅后放入小白菜翻炒，加入适量清水及烫熟的粉条同煮。

6
将丸子放入锅中，烧至汤汁慢慢被吸收，淋入水淀粉，最后加入香油提味即可。

豆豉尖椒小炒肉 | 难度★★

原料 五花肉 250 克

调料 酱油 1 小匙，老干妈辣豆豉 2 小匙，小香葱 2 根，蒜片少许，干淀粉 10 克，盐、色拉油各适量，干红辣椒圈少许，尖椒 10 个

准备 尖椒切成小椒圈。五花肉切成 1 厘米厚的肉片。小香葱切末。

步骤

1 五花肉片内加入适量盐，抓匀。

2 干淀粉内加入适量水调匀后，放入五花肉片内抓匀，静置 20 分钟。

3 炒锅烧热后加适量色拉油，滑炒肉片至全部变色后铲出，控干油。

4 炒锅重新加热后入少许色拉油，爆香香葱末、蒜片后放入肉片翻炒，加入酱油调色。

5 将老干妈辣豆豉加入肉片内翻炒，同时将尖椒圈和干红辣椒圈放入锅中一起翻炒均匀即可。

 制作心得

◎ 滑炒肉片时一定要将肉片与淀粉充分抓匀，做出的菜才会口感滑嫩。

川味水煮肉片 | 难度★★★

原料 猪里脊 400 克，圆白菜半棵

调料 郫县豆瓣酱 80 克，白芝麻 10 克，水淀粉 20 克，干红辣椒 10 克，花椒 30 粒，盐 5 克，白糖 10 克，蒜末 20 克，葱花少许，色拉油、辣椒油各适量

准备 将 20 粒花椒焙香，研成花椒面。将白芝麻炒熟。圆白菜用手撕成块。将郫县豆瓣酱剁碎。干红辣椒切段。

制作心得 ◎ 最后淋入成菜的汤汁只要没过肉片就好，不用太多。

步骤

1 将猪里脊洗净，切成约 5 毫米厚的片，加入盐腌制 20 分钟。

2 将水淀粉倒入腌好的猪里脊肉片内，抓匀。

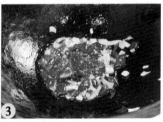

3 锅烧热后加入色拉油、葱花、少许干红辣椒段和 10 粒花椒，爆香，放入剁好的郫县豆瓣酱碎，煸出红油，加清水烧制红油汤汁。

4 此时另取一口锅，将圆白菜块与剩余干红辣椒段炒熟后出锅垫入汤碗的底部。

5 待锅中加水的红油汤汁烧开后，将猪里脊片分多次放入并拨散。

6 煮至变色成熟后捞出，置于炒好的圆白菜块上，浇上部分红油汤汁，撒上花椒面、蒜末、葱花、熟白芝麻，最后炝入辣椒油即可。

锅包肉 | 难度★★★

原料 猪里脊肉 400 克

调料 白糖 150 克，醋 100 毫升，番茄酱 50 克，葱丝、香菜段各 5 克，姜丝 4 克，花生油、水淀粉各适量

步骤

1. 将猪里脊肉切成长约 6 厘米、厚约 2 厘米的片，用水淀粉挂糊上浆，备用。
2. 锅内放油，烧至六成熟，投入猪里脊肉片，炸透后关火捞出。重新加热，待油温升至八成热时复炸一次，捞出，沥油。
3. 底留油，下入葱丝、姜丝炒香，放入白糖、醋、番茄酱烧开，制成芡汁。
4. 将猪里脊肉片烹入芡汁，快速翻炒几下，翻拌均匀，起锅盛盘，撒上香菜段即可。

生爆盐煎肉

| 难度★★★

原料 蒜苗（切段）3 棵，五花肉片 300 克

调料 郫县豆瓣酱 2 大匙，豆豉 5 克，盐 1/2 小匙，花生油适量

步骤

1. 五花肉片用花生油略炒几下。加少许盐，煎炒至出油。
2. 加入郫县豆瓣酱和豆豉，翻炒至出红油。
3. 放入蒜苗段，迅速翻炒几下。
4. 闻到蒜苗的香味就可以关火，加剩余盐调味即可。

山西过油肉

| 难度★★★

原料 猪里脊 150 克，木耳 50 克，蒜薹段 100 克

调料 红尖椒 1 个，蒜片少许，陈醋 3 小匙，白糖 1 小匙，酱油 1/2 小匙，花生油、盐、水淀粉各适量

步骤

1. 猪里脊切成薄片后，加入盐和水淀粉，将肉片抓匀。炒锅烧热后加入适量水，放入蒜薹段和切成条的红尖椒焯水至断生。

2. 取一个碗倒入陈醋，向陈醋内加入白糖、酱油，搅拌成料汁。

3. 锅内加花生油烧热，放入蒜片煸香。肉片放入锅中，翻炒变色后铲出备用。

4. 二次炝锅后将肉片放入锅中，依次加入木耳、蒜薹段、红尖椒条，烹入料汁，翻炒均匀后调味即可。

台湾卤猪脚 **| 难度★★**

原料 猪脚 1 只（约 1000 克）

调料 生抽、米酒各 $1\frac{1}{2}$ 大匙，老抽 1/2 大匙，冰糖 25 克，姜片 50 克，香葱结、蒜瓣各 30 克，花生油适量，香菜叶少许

步骤

1. 锅入水烧开，放入切成小块的猪脚余烫至水再次沸腾，捞起，放入凉水中冲洗干净。

2. 锅入花生油烧热，放入猪脚块。小火翻炒至肉皮紧缩时，放入姜片、香葱结、蒜瓣炒出香味。

3. 锅内倒入适量清水，加入生抽、老抽、米酒，大火烧开，熄火。

4. 将猪脚块及汤汁移入深锅内，再放入冰糖。加盖，用小火慢慢煮制，中途翻动几次，待汤汁收至浓稠时起锅，装盘放上香菜叶即可。

香辣美容蹄 | 难度★★★

原料　猪脚 1000 克

调料　A. 大葱 1 根，姜片 5 片，蒜瓣 4 瓣，花椒、
　　　　生抽各 1 小匙，干红辣椒 30 克，料酒
　　　　2 大匙，冰糖 50 克，植物油 4 大匙，
　　　　白芝麻 15 克
　　　　B. 花椒 15 颗，草果 2 颗，香叶 4 片，丁
　　　　香 8 颗，茴香、甘草、桂皮各 5 克，
　　　　山楂干 5 个

准备　猪脚去毛洗净，斩成小块；大葱洗净，切
　　　　段，留少许葱段切成葱丝；蒜瓣去皮洗净，
　　　　切片；白芝麻炒熟。

① 锅入水烧温，放入猪脚块，大火煮开后再煮10分钟。

② 将煮好的猪脚块捞出，用凉水冲洗干净，沥干水备用。

③ 锅入1大匙植物油烧热，放入猪脚块，用小火翻炒至表皮微黄，盛出。

④ 净锅后放入1大匙油，冷油放入葱段、姜片、蒜片及调料B，小火炒至出香味，盛出。

⑤ 另起一锅，倒入猪脚块及炒好的香料，加入料酒、生抽、清水。

⑥ 大火煮15分钟后，转小火煮至汤汁只剩一半的量。将卤好的猪脚块捞出，卤水汁留用。

⑦ 锅入1大匙植物油烧热，放入冰糖。

⑧ 小火炒至糖色呈深褐色。

⑨ 放入猪脚块，翻炒至猪脚块全部均匀地裹上糖色。

⑩ 倒入卤水汁，大火炒至卤汁完全收干（中途要经常翻动），盛出备用。

⑪ 锅入1大匙植物油，冷油放入花椒、干红辣椒炒至出香味。

⑫ 倒入收好汁的猪脚块，加入1大匙清水，用小火翻炒至水收干，撒上熟白芝麻、葱丝即可。

制作心得

◎ 卤猪脚块的时候水不要加太多，刚没过猪脚即可；煮制的时间也不宜过长，用筷子可以轻松插入猪皮内就可以了。

◎ 为了避免吃到花椒，可以先炒花椒，等到油里有花椒味了，就把花椒拣出来。

◎ 做这道菜有3个诀窍：1.要把猪脚毛去干净，可以先用明火烤一下，再刮干净；2.要把猪脚炖得软烂，最好加几颗山楂干；3.用冰糖来炒糖色。

酸辣猪肘

| 难度★★

原料 剔骨猪前肘1个

调料 红腐乳2块，豆瓣酱、番茄沙司各2小匙，柠檬片2片，陈皮、小茴香各少许，八角2颗，桂皮1块，香叶4片，干红辣椒段、冰糖各50克，陈醋100克，花生油适量，小香葱（切葱花）1根

工具 新鲜马连草叶

制作心得
◎ 如没有马连草的话，也可以用线绳代替。用马连草主要是为保持猪肘的形状完整。
◎ 肘子出锅前用筷子轻轻扎一下，看看里面是否全部酥烂。

步骤

1 剔骨猪肘用马连草系紧后，放入凉水锅中，氽水，去掉浮沫。

2 红腐乳、豆瓣酱、番茄沙司、陈醋搅拌均匀，加入适量开水，调拌成料汁。

3 氽好的肘子放入高压锅内，加入柠檬片、小茴香、香叶、陈皮、八角、桂皮、冰糖，将调好的料汁放入锅中。

4 锅中加入适量花生油，待油锅烧热后用小火炸香干红辣椒段，制成辣椒油。

5 将炸好的辣椒油炝入高压锅中。高压锅选择煮肉挡煮60分钟。

6 肘子炖熟后捞出装盘。继续将汤汁收浓稠后淋在猪肘上，装盘后撒上葱花即可。

蒜香排骨

| 难度★★

原料 猪肋排 750 克，西芹 1/2 根，胡萝卜 1 根，小洋葱 4 个

调料 色拉油 500 克，盐适量，姜片 4 片，蒜瓣 20 瓣

准备 猪肋排剁成 2 寸长段。蒜瓣全部剁碎。

制作心得

◎ 排骨应使用小火慢炸，直至成熟。如果用大火炸制，将导致外表成熟而里面却夹生。

◎ 腌渍排骨时要充分揉至少 10 分钟，使之更加入味。

◎ 判断排骨里面是否成熟，可用筷子扎排骨肉，看是否有血水渗出。

步骤

1 将西芹、胡萝卜、姜片和 2 个小洋葱一起放入料理机中，打碎制成蔬菜浆。

2 将打碎的蔬菜浆与处理好的排骨段混合在一起，加入适量盐，充分揉 10 分钟，使汁液深入排骨中。

3 取 1/2 的蒜末与排骨段同腌，并用手抓匀。

4 剩余的小洋葱切块放入腌渍的排骨中，密封好放入冰箱冷藏再腌渍 12 小时。

5 炒锅烧热，加色拉油，油温达到八成热时加入排骨块小火炸制 15 分钟，待油面水泡消失时排骨基本成熟，捞出。

6 炒锅重新烧热后加少许色拉油，加入剩余蒜末小火炸至金黄，铲出置于炸好的排骨块上即可。

椒盐排骨 | 难度★★

原料 猪肋排 500 克，红菜椒 1 个，红萝卜皮少许

调料 细盐 1/2 大匙，香葱 1 根，生姜小块，蒜瓣 2 瓣，花椒、料酒、生抽各 1 大匙，色拉油适量，香菜叶少许，红薯淀粉 80 克

步骤

1　香葱、蒜瓣、红菜椒分别切碎。姜切成片。

2　猪肋排切成段，然后用利刀在猪肋排肉厚的地方浅割几刀，便于腌制时入味。

3　将排骨段加料酒、生抽、姜片，放入一半量的葱碎、蒜碎拌匀，腌制15分钟。

4　炒锅干烧热，放入花椒，小火炒出香味，加入细盐炒至色泽变微黄色。

5　将炒好的花椒盐倒在案板上，用擀面杖碾压成碎末，做成椒盐粉备用。

6　红薯淀粉平铺在盘子上，将排骨段两面均匀拍粉，放置3分钟。

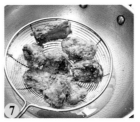

7　锅内放半锅油，烧热至170℃，放入排骨段用中火炸至两面呈金黄色，转大火炸1分钟后捞出。

8　再次将锅内油烧热，倒入排骨段，大火复炸1分钟后捞出，沥净油备用。

9　空炒锅置火上，放入剩余的葱碎、蒜碎、红菜椒碎炒香。

10　加入炸好的排骨段，使其均匀裹上葱碎、蒜碎和红菜椒碎。

11　临出锅时撒入适量椒盐粉，翻炒均匀，用红萝卜皮和香菜叶装饰即可。

制作心得

◎ 如果有条件，最好是把排骨提前用清水浸泡一夜（可将容器放入冰箱冷藏室浸泡），中途换几次水，这样可以去净排骨的血水，让肉质更细嫩。

◎ 花椒盐一次可以多做些。吃不完的花椒盐留着，做菜、做面点时都可以派上用场。

◎ 要想让炸粉不掉在油里，拍上粉后要静置一会儿，让排骨里面的水渗出来，把炸粉粘牢，就不容易掉落了。

糖醋排骨 | 难度★★

原料 猪肋排 350 克

调料 白糖 100 克，醋 50 克，葱末、姜末、盐、酱油、料酒、干淀粉、花生油各适量

步骤

1 肋排洗净，剁成段，加盐、少许料酒、少许干淀粉拌匀。

2 白糖、醋放碗内，加入酱油、剩余的料酒、干淀粉及适量清水调成芡汁。

3 炒锅放油烧热，放入肋排段，慢火炸至呈金黄色，捞出沥油。留少许熟油在碗中备用。

4 炒锅留少许油烧热，下葱末、姜末爆香，倒入调好的芡汁烧开推匀。

5 放入炸好的排骨段翻匀，使芡汁裹匀排骨段。

6 淋入少许熟油，出锅即可。

糖醋猪软骨

| 难度★★

原料 猪软骨250克，红菜椒、青椒各1个，花生米20克

调料 陈醋50克，白糖4小匙，姜末、蒜末各少许，干淀粉10克，柠檬汁10克，盐、色拉油各适量

准备 青椒、红菜椒洗净后均切成块，入锅翻炒过油备用。炒锅烧热，加入色拉油，冷油放入花生小火炸制成熟。

制作心得 ◎ 加入少量的柠檬汁会使整个菜品的口味得到较大提升。

步骤

1 猪软骨洗净后剁成小块，锅中倒入清水，放入猪软骨块。待水烧开，去除血水待用。

2 猪软骨块捞出沥干水，用干淀粉裹匀。

3 炒锅加入适量的色拉油，放入猪软骨块小火炸至呈金黄色后捞出，控净油备用。

4 将陈醋、白糖、柠檬汁混合调匀即成料汁。

5 炒锅留少许底油再次烧热后加姜末、蒜末炝锅，再加入调好的料汁烧开。

6 将猪软骨块、花生米、青椒块、红菜椒块同时放入锅中翻炒，最后再加入盐调味即可。

山楂烧排骨

| 难度★★★

原料 猪肋排骨 500 克

调料 花椒 10 粒，葱段 2 段，姜片 3 片，八角 2 颗，香叶 1 片，红曲米 10 克，冰糖 50 克，老抽 1/2 大匙，生抽 1 大匙，盐 1 小匙，花生油、陈醋、料酒各 2 大匙，山楂干 15 克，香菜少许

制作心得
◎ 使用山楂干可以使排骨肉质软嫩，带上一些果香。
◎ 过早放盐易导致肉质变老。在快要收汁的时候再放盐，这样做出的成品口感更好。
◎ 收汁时不宜把汁收得太干。

步骤

1 排骨冲洗一下，沥干，斩成 6 厘米长的段。将山楂干和红曲米放入香料包中。准备好其他材料。

2 锅内加水，放入花椒、料酒烧开，加入排骨段汆烫至水再次沸腾，捞起排骨段，沥净水。

3 炒锅放油烧热，放入葱段、香叶、八角、姜片炒出香味。加入汆烫过的排骨段，小火煎至表面微焦黄。

4 加入水、冰糖、陈醋、生抽、老抽，放入香料包。

5 大火烧开，盖上锅盖，转小火炖 40 分钟。

6 用筷子夹出里面的香料包及葱段、八角、姜片，加入盐。打开锅盖，继续用小火炖至汤汁浓稠、微微起泡，装盘后用香菜装饰即可。

1

鸡肉剁成块，土豆去皮切成与肉大小差不多的块。青椒、红菜椒去籽、切块，姜切片。锅中倒入清水，大火煮开。放入鸡块汆烫 3 分钟后捞出，用清水冲净鸡块表面的浮沫，沥干水后放入电压力煲内。

2

放入切好的土豆块，再倒入姜片、花椒、八角、桂皮和干红辣椒。再放入老抽和番茄酱。

3

倒入啤酒至没过鸡块的表面，盖上锅盖，选择鸡鸭肉功能、清香型，压 9 分钟。排气后，打开锅盖，调入盐，翻拌均匀。倒入青椒片、红菜椒片，盖锅盖焖 3 分钟，放在煮好的皮带面上即可。

大盘鸡 | 难度★★

原料 土鸡 1/2 只，小土豆 2 个，青椒、红菜椒各 1 个，皮带面 1 包

调料 啤酒 1 罐，番茄酱 2 大匙，老抽 1 大匙，白糖 1 小匙，盐 1/2 小匙，姜 1 小块，干红辣椒 6 个，花椒 15 粒，八角 2 颗，桂皮 1 块

准备 煮好皮带面备用。

葡国咖喱鸡

| 难度★★

原料 带皮鸡胸肉 250 克，牛奶 50 克，椰浆 40 克，青椒、红菜椒、黄菜椒各少许，洋葱 1/4 个，米饭 1 碗

调料 黄姜粉 20 克，咖喱粉 100 克，白糖 1 小匙，卡夫芝士粉少许，黄油、盐、干淀粉、植物油各适量

准备 青椒、红菜椒、黄菜椒及洋葱切成大小一致的块状。将红菜椒块、黄菜椒块、青椒块和洋葱块过油至断生。

步骤

1 鸡胸肉切成块，放入少许盐抓匀后上浆。

2 炒锅烧热后放入黄油烧至化开。

3 在化开后的黄油内加入黄姜粉、咖喱粉、白糖。

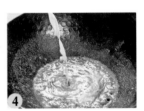

4 牛奶加入黄姜粉汁内调拌均匀，制成咖喱酱汤汁。

5 再倒入椰浆。咖喱酱汤汁此时已经比较浓稠，需要慢慢搅动。

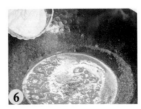

6 加入适量干淀粉，使汤汁浓稠、呈糊状。将鸡肉块放入汤汁内煮熟。

7 黄菜椒块、红菜椒块、青椒块、洋葱块放入汤中煮制。

8 出锅装盘后再撒入卡夫芝士粉即可。配上米饭一起食用，味道很香。

啤酒鸡块 | 难度★★

原料 童子鸡1只

调料 葱段、姜片、陈皮、啤酒、盐、鸡精、白糖、水淀粉、花生
油各适量，香菜少许

步骤

1 鸡处理干净，剁成块，下开水
锅余水后捞出，沥干水。

2 炒锅放入花生油烧热，下葱段、
姜片炒香，放入鸡块翻炒。

3 加入陈皮、啤酒、盐、鸡精、
白糖，翻炒至鸡块变色。

4 再加入少量清水，煮沸后用小
火焖15分钟至汁浓。

5 用水淀粉勾芡，翻炒均匀，出
锅，加香菜装饰即成。

麦香鸡丁 | 难度★★

原料 鸡脯肉 250 克，燕麦片 50 克

调料 花椒盐 2/5 小匙，盐 1 大匙，味精 1/4 小匙，植物油 20 克，水淀粉适量

步骤

1 鸡脯肉用温水洗净，切成 1.2 厘米见方的丁。

2 鸡丁用盐、水淀粉抓匀上浆。

3 炒锅置旺火上烧热，倒入植物油烧至四成热，放入鸡丁滑油，捞出。

4 油锅继续加热至六成热，将燕麦片倒入，炸至呈金黄色，捞出沥油。

5 炒锅中留少许油，倒入鸡丁、燕麦片翻炒，再放入花椒盐、味精炒匀，出锅装盘即可。

小鸡炖蘑菇

| 难度★★

原料 小鸡 500 克，干蘑菇 100 克，粉条 50 克，榛子 10 克

调料 姜片、葱段、蒜片各 10 克，八角 8 颗，盐 5 克，味精、鸡精各 2 克，料酒 6 克，酱油 3 克，植物油、鲜汤各适量，香菜少许

制作心得 ◎ 粉条泡软即可，在快出锅时再放入，以免炖得过烂。

步骤

1 将小鸡宰杀，去净毛、内脏，洗净，切块。

2 将鸡块汆水，去净血污，备用。

3 干蘑菇用温水泡发，洗净，切成片。

4 粉条泡发至软。八角、榛子均洗净，备用。

5 起油锅烧热，爆香葱段、姜片、蒜片、八角，加入鲜汤煮沸，下鸡块、蘑菇、榛子、料酒、酱油。

6 加盖焖煮 30 分钟，至鸡块熟烂后下粉条，调入盐、味精、鸡精，煮至入味即可。装盘后用少许香菜点缀。

鸡丁腰果

| 难度★★

原料 生鸡半只，腰果60克，西芹120克，马蹄4个，胡萝卜1个，樱桃萝卜8个，青豆60克，鸡蛋2个（取蛋清）

调料 葱白段、姜片共15克，水淀粉50克，盐4/5小匙，味精2/5小匙，白兰地酒1/2大匙，植物油1000克（实耗40克），干淀粉适量

步骤

1
鸡洗净，剔骨取肉，切丁。

2
鸡丁加少许盐、味精、蛋清、干淀粉拌匀。

3
腰果放入加少许盐的沸水锅中烫一下，捞出凉凉。

4
腰果下热油锅中炸香，捞出。

5
胡萝卜、西芹均洗净，切丁。樱桃萝卜洗净后去叶子。马蹄洗净切丁。

6
西芹丁、马蹄丁、樱桃萝卜、青豆加剩余盐拌一下，下热油锅炸，装盘待用。

7
炒锅烧热，倒入植物油烧至六成热，放入鸡丁炸至金黄，捞起沥油。

8
锅留底油烧热，放入鸡丁、西芹丁、马蹄丁、胡萝卜丁、樱桃萝卜、青豆、葱白段、姜片炒匀，烹入白兰地酒，淋入水淀粉勾芡，拌入腰果，装盘即成。

软炸鸡 | 难度★★

原料 鸡蛋1个，鸡脯肉200克

调料 番茄沙司2大匙，盐2/5小匙，味精1/4小匙，料酒2小匙，白糖1小匙，葱段、蒜片共12克，植物油600克（实耗25克），干淀粉适量

步骤

1
鸡脯肉洗净，切成5厘米长、5厘米宽、0.5厘米厚的片。

2
将鸡肉片装入碗中，加葱段、蒜片、料酒、盐、白糖、味精稍腌片刻。

3
鸡蛋打散，加干淀粉调成蛋糊。

4
炒锅置旺火上烧热，倒入油烧至七成热，将鸡肉片拌匀蛋糊逐片下锅。

5
炸至鸡肉片断生、表皮呈金黄色时捞出，放在碟内，带番茄沙司一起上桌即可。

柠檬炸鸡柳 | 难度★★

原料 鸡脯肉 200 克，鸡蛋 1 个，低筋面粉适量

调料 柠檬汁 25 毫升，胡椒粉、脆炸粉、盐、料酒、色拉油各适量

步骤

1 将少量低筋面粉、脆炸粉加水调成糊状。

2 再打入鸡蛋液拌匀，制成蛋糊。

3 鸡脯肉洗净，切成鸡柳，加入盐、料酒、柠檬汁、胡椒粉腌入味。

4 将腌好的鸡柳放入蛋糊中滚匀，然后放入剩下的低筋面粉中再裹一层。

5 炒锅放入色拉油烧至七成热，放入鸡柳慢炸至表面金黄酥脆，捞出沥油，装盘即成。

1

鸡胸肉洗净，切成鸡柳。西芹洗净，切成段。胡萝卜去皮，切成菱形块。鸡柳放入碗中，加入生抽。加入陈醋，再加入细砂糖。可以根据自己的口味加入黑胡椒粉。

2

加入2小匙玉米淀粉。所有材料用手抓匀，腌制半小时左右。

3

锅烧热，放少许花生油，油热后放入腌制好的鸡柳。

4

用锅铲迅速滑散，翻炒至鸡柳变色，放入西芹段和胡萝卜块，继续翻炒1分钟左右即可。

西芹鸡柳 | 难度★★

原料 鸡胸肉1块，西芹2根，胡萝卜1/2根

调料 陈醋、细砂糖各1小匙，生抽1大匙，黑胡椒粉1/2小匙，花生油适量，玉米淀粉2小匙

米花鸡丁 | 难度★★

原料 鸡脯肉250克,粳米50克,鲜牛奶150克,熟青豆25克,鸡蛋清1个

调料 料酒 $1\frac{1}{2}$ 小匙,盐3/5小匙,味精1/5小匙,熟猪油500克(实耗25克),水淀粉适量

步骤

1. 将粳米洗净,上笼蒸熟,凉凉待用。鸡脯肉洗净,切成小丁,加少许盐、蛋清、水淀粉抓匀上浆。

2. 炒锅烧热,倒入熟猪油烧至四成热,放入鸡丁滑油,倒出沥油。锅内留少许底油,放入青豆翻炒,加入鲜牛奶、料酒、剩余盐、味精。

3. 用水淀粉勾芡,倒入鸡丁,淋入少许猪油,关火待用。

4. 烹调鸡丁的同时将熟猪油倒入另一锅中,旺火烧至七八成热,放入粳米炸至松脆。用漏勺捞起粳米米花,装入盘中铺平,将炒好的鸡丁倒在上面即可。

椒盐鸡软骨 | 难度★★

原料 鸡软骨300克,红菜椒粒、鸡蛋液各少许

调料 味精6克,食用油、料酒各适量,胡椒粉5克,盐、辣椒酱各8克,干淀粉、蒜末、胡萝卜粒各少许,葱花20克

步骤

1. 将鸡软骨洗净,放入沸水锅中汆烫,捞出控干。

2. 鸡软骨用鸡蛋液、干淀粉、蒜末和胡萝卜粒调成的汁腌渍2小时。

3. 将鸡软骨放入热油锅中稍炸,捞出。

4. 锅中放入适量食用油烧热,下入鸡软骨、红菜椒粒、葱花及其余调料,爆炒2分钟即可。

蒜香一口鸡肉粒 | 难度★★

原料 鸡胸肉250克，油条1根，荸荠2个，芦笋2根，青椒、红菜椒各少许，鸡蛋1个（取蛋清）

调料 蚝油、酱油、白糖各1小匙，蒜瓣6瓣，干淀粉10克，盐、植物油各适量

准备 荸荠去皮，切方丁。芦笋切小段。青椒、红菜椒分别切块。

制作心得
◎ 鸡肉上浆后静置前在表面封上一薄层油，避免表面风干。
◎ 油条不要放入太早，会影响口感。

步骤

1 将鸡胸肉切成小丁。

2 油条切成与鸡肉丁相近大小的块。

3 鸡肉丁内加入适量盐、鸡蛋清及干淀粉抓匀，用油封好后静置20分钟。

4 炒锅内加入少许底油，放入油条块慢慢炸香、炸脆后捞出。

5 用热油将鸡肉丁滑炒后再将蒜瓣爆香，加入鸡肉丁、蚝油、酱油、白糖翻炒均匀。

6 将芦笋段、青椒块、红菜椒块、荸荠丁一起放入锅中翻炒均匀，出锅后加入炸好的油条即可。

宫保鸡丁 | 难度★★

原料 鸡胸肉 250 克，油炸花生米 20 粒

调料 干红辣椒（切小段）4 个，花椒 20 粒，白糖、干淀粉 2 小匙，花生油适量，米醋、水淀粉各 4 小匙，盐、葱白、蒜片、姜片、香油各少许

步骤

1. 炸好的花生米去皮。葱白切成豆瓣大小的段。鸡胸肉切成长、宽各 1 厘米的方丁，加入盐和水淀粉将鸡肉抓匀，表面封花生油后置于冰箱内 20 分钟。炒锅烧热后加入花生油，将鸡肉丁滑炒至变色后捞出控油。

2. 炒锅重新烧热后加少许油，放花椒、干红辣椒段用小火炒香后铲出。

3. 白糖、米醋放在盛器内，再加入干淀粉调成料汁。

4. 姜片、蒜片炝锅后加入鸡肉丁及料汁迅速翻炒均匀，使汤汁均匀包裹在鸡肉丁上。将花椒、干红辣椒段、去皮的花生米、葱白段同时加入锅中翻炒，加入盐，最后淋入香油出锅即可。

板栗烧鸡 | 难度★★

原料 鸡块 500 克，板栗（煮熟，去壳）350 克

调料 姜末 10 克，白糖 3 小匙，生抽 1 大匙，料酒 1 大匙，蚝油 $1\frac{1}{2}$ 大匙，蒜瓣（切末）5 瓣，葱段 20 克，香菜叶少许，花生油适量

步骤

1. 锅内油烧至三成热时放入葱段、姜末、蒜末炒出香味，加入鸡块，用小火煸炒出油。

2. 待鸡块表面微黄时加入板栗，加入料酒、生抽、蚝油、白糖，小火翻炒均匀。加入热开水，水量要没过鸡块。盖上锅盖，大火烧开，转小火焖 25 分钟至汤汁浓稠，出锅装盘时用香菜叶装饰即可。

砂锅干豆角焗鸡腿 | 难度★★

原料 鸡腿（去骨取肉）1只，干豆角200克，香菇3朵，小干洋葱2个，熟青豆少许

调料 八角1颗，桂皮1块，冰糖40克，酱油1小匙，蚝油2小匙，辣椒2个，蒜瓣6瓣

准备 干豆角提前4小时用温水泡发。香菇切成大小均匀的块，小干洋葱切成小块。

步骤

1 平底锅烧热后放入鸡腿，使鸡皮面朝下，放入蒜瓣用中火煎制。

2 鸡皮面煎至呈金黄色时，轻轻翻面至另一面也呈金黄色。

3 将鸡腿肉两面全部煎好后出锅改刀成一指宽的条。

4 泡发好后的干豆角改刀切成寸段，待用。

5 香菇块、小干洋葱块、干豆角段一同放置在小砂锅内。

6 依次将酱油、蚝油、冰糖、清水加入砂锅内，同时放入八角、桂皮、辣椒，大火烧至汤汁浓稠出锅时撒上少许熟青豆即可。

干香辣子鸡 | 难度★★

原料　鸡半只，米饭1碗

调料　蒜瓣（切片）20克，干淀粉3小匙，酱油3小匙，白糖2小匙，花椒20粒，熟白芝麻、植物油各适量，干红辣椒（切段）250克

制作心得

◎ 第一次炸制鸡块是为让其出水。前面的汆水过程中进入的水及鸡肉自身的水经过第一次的高温炸制变少了，鸡肉变得香脆。第二次加味炸制则使鸡肉成熟、入味。

◎ 炒制干红辣椒时一定要小火慢慢煸炒，使其味道充分释放出来。若是大火炒制，它马上会变煳。

步骤

1 将鸡斩成小块。

2 将鸡肉块放入凉水锅中，开火加热煮开，捞出控水。

3 控干水的鸡肉块加入干淀粉，充分抖匀。

4 炒锅内加入适量植物油，油温达到八成热时放入鸡肉块炸至变色即可捞出。将油沥清，炒锅洗净。

5 炸过一遍的鸡肉块内加入酱油，调拌均匀。

6 炒锅烧热后再次将鸡肉块放入锅中炸制成熟后捞出，将油沥清。

7 炒锅烧热后稍加一点植物油，放入干红辣椒段及花椒小火炒香，铲出凉凉备用。

8 炒锅内重新加入少量油，油热后放入蒜片、白糖煸炒。

9 加入鸡肉块翻炒均匀，最后放入炒好的干红辣椒段及花椒，撒上适量熟白芝麻，搭配米饭一起吃即可。

豆豉香煎鸡翅 | 难度★★

原料 鸡翅中5个，香芹2根，青椒1个

调料 辣豆豉、蚝油各2小匙，色拉油适量，干红辣椒3个，蒜瓣8瓣

制作心得 ◎ 煎制鸡翅时不需要放油，让鸡翅内油脂通过加热慢慢释放出来，用自身油脂将鸡翅煎熟。

步骤

① 平底锅烧热后放入鸡翅。

② 待鸡翅变成焦黄色后再翻面，并放入蒜瓣同煎至呈金黄色。

③ 香芹择好，洗净，切成寸段。

④ 青椒洗净，去籽，切块。

⑤ 炒锅烧热后入少许色拉油，放入青椒块煸炒，铲出备用。

⑥ 炒锅内重新加入10克色拉油，放入蒜瓣煸香。

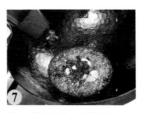

⑦ 加入辣豆豉、蚝油调匀。

⑧ 放入干红辣椒炒匀后加入清水，待汤汁烧开后加入鸡翅，烧至汤汁浓稠时加入青椒块、香芹段翻炒均匀即可。

油爆鸭丁

| 难度★★

原料 鸭脯肉 200 克, 玉兰片、香菇、黄瓜各 30 克, 鸡蛋 1 个（取蛋清）

调料 盐 2/5 小匙, 料酒 1 小匙, 味精 1/5 小匙, 鸡汤 60 克, 葱末、姜蓉、蒜泥共 12 克, 植物油、水淀粉各适量

步骤

1
将鸭脯肉上的筋膜去除，两面用刀拍松，再切丁。

2
鸭丁加盐、蛋清、少量水淀粉抓匀。

3
玉兰片、香菇分别洗净，切小丁，放入沸水锅中焯一下。黄瓜切小丁。

4
将鸡汤、料酒、味精、剩余水淀粉同放碗中调均成芡汁。锅烧热，倒入植物油烧至四成热，放入鸭丁拨散，炸至八分熟捞出。

5
锅内留少量油，放入葱末、姜蓉、蒜泥炒香，倒入黄瓜丁、玉兰丁、香菇丁、鸭丁，翻炒均匀。

6
随即倒入芡汁，翻翻均匀，即可起锅。

麻辣鲜虾 | 难度★★

原料 鲜虾 500 克

调料 A. 料油调味料：
黑胡椒碎、葱段、姜片、蒜瓣、小茴香各
20 克，花椒 30 克，八角、草果、桂皮、
肉蔻各适量
B. 炝锅小料：
姜末、蒜末各少许，干红辣椒（切段）适量，
郫县豆瓣酱 2 小匙，白糖 1 小匙
C. 料酒 1 小匙，花生油 500 克，青柠檬片少许

准备 郫县豆瓣酱剁碎后使用。

制作心得

◎ 虾复炸时油温不要过高，时间
不要太久。中火炸制五六分钟
即可，太久会使虾肉变老。

◎ 豆蔻和草果在普通菜市场里就
可买到，只需 1 ~ 2 个即可。
使用时把它们轻轻拍破使其更
好地将味散出。

步骤

① 鲜虾剪去头枪后，去除头部沙
袋。再从背部挑出虾线，备用。

② 炒锅烧热，加入花生油，油温七
成热时放入鲜虾炸至呈橘红色捞
出。锅中虾油需沥清。炒锅清洁
干净后将油重新倒入锅中。

③ 将炸制料油调味料所需的 A 料
备好。

④ 先加入 A 料中的葱段、姜片、
蒜瓣放入油锅中小火炸出香
味，再放入其他 A 料一起炸制。

⑤ 待蒜瓣炸成金黄色后捞出，备
用。加入 C 料中的料油熬制
大约 15 分钟，关火，油温下
降后再滤出所有调料。

⑥ 滤清的料油重新放入锅中，加
入鲜虾，用料油炸香，盛出。

⑦ 净锅后加少许料油、料酒，用
B 料中的姜末、蒜末炝锅，加
B 料中的干红辣椒段、豆瓣酱、
白糖炒香。

⑧ 最后放炸好的鲜虾及蒜瓣，迅
速翻炒，出锅前淋入料油，装
盘后放上青柠檬片装饰即可。

鲜虾白菜

| 难度★★

原料 鲜虾6只，大白菜200克

调料 盐、香油、植物油各适量

制作心得

◎ 使用的白菜最好选择京白菜，口感爽脆。

步骤

1

鲜虾剪去虾枪。

2

将虾线剔除。

3

白菜叶与白菜帮分别处理，均切成块。

4

锅热后加入植物油，放入鲜虾炒制，煸炒时用炒勺轻轻敲击虾头使虾脑内的红油析出。

5

煸好的鲜虾推至锅边，虾油置于锅底，放入白菜帮块煸炒。

6

白菜帮块变软后再将白菜叶块放入锅中同时煸炒，加入盐调味，出锅时加入少许香油即可。

香辣干锅皮皮虾 | 难度★★

原料 皮皮虾 500 克，藕 1 节，香芹 1 根，小干洋葱 5 个，鲜香菇 4 朵

调料 蒜瓣 8 瓣，郫县豆瓣酱 2 小匙，色拉油适量，香油、干红辣椒段各少许

准备 将藕切成厚片。香芹切寸段。香菇切片。小干洋葱对半切大块。

制作心得
◎ 郫县豆瓣酱比较咸，调味时要少放些盐，或者不加盐。
◎ 藕最好是选择中间段，切出来的片外形比较完整。
◎ 如果喜欢重口味，可以加些四川火锅底料，味道会更足！

步骤

1 将皮皮虾治静。炒锅烧热后加入色拉油，将皮皮虾放入锅中过油，捞出控油，凉凉。

2 油锅烧热后用部分蒜瓣炝锅。将藕片放入，翻炒至成熟，铲出备用。

3 油锅重新烧热后加入剩余蒜瓣、小干洋葱块，小火煸香。

4 郫县豆瓣酱及干红辣椒段放入锅中煸出红油。

5 将皮皮虾、香菇片放入红油料中翻炒均匀后加入香芹段。

6 炒好的藕片放入锅中，翻炒均匀后加入少许香油即可。

泰式咖喱虾

| 难度★★

原料 草虾8只，洋葱、红菜椒各1/2个，芹菜2根，鸡蛋1个，椰奶4大匙

调料 咖喱粉1大匙，料酒1小匙，盐1/3小匙，白糖1/2小匙，清汤1杯，植物油2大匙，小葱2根

步骤

1 草虾修去头须，剥去2/3的虾壳，留下尾壳。

2 洋葱切条，芹菜、红菜椒和小葱分别切段。

3 鸡蛋磕入碗中，加2大匙椰奶打散。

4 炒锅加植物油烧热，炒香洋葱丝，再加咖喱粉同炒。

5 放入料酒、清汤、盐、白糖，下入草虾和芹菜段、红菜椒段、小葱段翻炒数下。

6 盖锅盖焖煮约1分钟至虾熟，淋入鸡蛋液，轻轻拌匀。

7 再淋入剩下的椰奶，晃动锅，炒匀即可。

芦笋百合炒明虾 | 难度★★

原料 芦笋、鲜百合各 200 克，大虾 100 克

调料 葱花、蒜片共 10 克，盐、白糖各 1 小匙，味精 1/3 小匙，水淀粉 10 克，植物油适量

步骤

1
将芦笋剥壳，削皮，去老根，洗净。

2
芦笋切斜段。鲜百合用水冲洗干净，待用。

3
大虾洗净，用牙签挑除沙线。

4
锅中加水烧沸，放入大虾氽水，捞出，除去头备用。

5
开水锅中再放入芦笋段焯水，立即捞出，沥水。

6
炒锅置火上烧热，下入植物油，待油温升至六七成热时放入葱花、蒜片爆香，放入芦笋段、百合、大虾同炒。

7
加入盐、白糖、味精翻炒均匀至入味，用水淀粉勾芡，淋明油，出锅装盘即成。

木耳香葱爆河虾 | 难度★★

原料 小河虾 350 克，木耳 50 克

调料 盐 1 小匙，味精 1/3 小匙，鸡粉 1/4 小匙，植物油 2 大匙，
香葱段 50 克

步骤

1 小河虾洗干净，除去泥沙杂质。

2 炒锅置旺火上，加入清水烧沸，
放入小河虾汆水。

3 木耳用清水浸泡至涨发，捞出，
择洗干净，剪小块备用。

4 炒锅中加入植物油烧热，下
入香葱段爆香，加入小河虾、
木耳块。

5 调入盐、鸡粉、味精翻炒均匀，
炒至入味，淋明油（分量外），
出锅盛盘即成。

韭菜虾米托 | 难度★★

原料 鲜虾皮 500 克，鸡蛋 2 个，韭菜 6 根

调料 盐、色拉油各适量

步骤

1
将鲜虾皮择洗干净。韭菜、鸡蛋备好。

2
鸡蛋与鲜虾皮混合后加入少许盐调拌均匀，制成虾皮蛋液。

3
将韭菜切成寸段，与虾皮蛋液混合。

4
平底锅烧热后加入少许色拉油。

5
将一大勺虾皮蛋液平摊在锅中，煎至单面成型、一面呈金黄色后翻面。

6
待蛋饼两面成为金黄色且鲜虾皮成为奶白色盛出。做完剩余食材即可。

苦瓜凤尾虾

| 难度★★

原料 苦瓜 1 个，凤尾虾 250 克

调料 盐适量，色拉油 50 克

步骤

1
苦瓜从中间切开。

2
用筷子将苦瓜的瓤剔除。

3
剔除瓤的苦瓜切成苦瓜圈。

4
苦瓜圈放入冰水中浸泡 5 分钟左右，能有效去除苦瓜的涩味。

5
凤尾虾去头、去虾线，只留尾部的壳。锅热后加入色拉油，放入凤尾虾煸炒。

6
凤尾虾炒至变色后铲出。锅内虾油保留。

7
苦瓜圈放入虾油内煸炒 2 分钟至微微变色。

8
将炒好的凤尾虾倒入锅中与苦瓜圈同炒，加入适量盐调味即可。

吉利凤尾虾

| 难度★★

原料 鲜虾 400 克，面包糠 200 克，蛋黄 2 个

调料 玉米淀粉 100 克，料酒 1/2 小匙，蒸鱼豉油 1 小匙，花生油、香葱段各适量

准备 鲜虾去虾头和前面的壳，保留尾部的壳。

制作心得 ◎ 炸制时面包糠易于脱落，应及时将锅中落下的面包糠清除，以免油温过高时，面包糠变黑。

步骤

1 去壳的鲜虾从背部中间片开，保留尾部。

2 片好的凤尾虾处理干净。

3 将虾用料酒、蒸鱼豉油腌制。

4 将蛋黄、玉米淀粉、面包糠分别放入不同的容器内备好。

5 凤尾虾先蘸上玉米淀粉后裹上蛋液。

6 留出一部分面包糠，平铺在盘中，再均匀地蘸上剩下的面包糠。

7 炒锅烧热后加入适量花生油，油温达到七八成热时加入蘸好料的凤尾虾，炸至呈橘红色时捞出放于面包糠上，撒上适量香葱段即可。

鲜虾滑豆腐 | 难度★★

原料　鲜虾仁150克，内酯豆腐1盒，青豆少许

调料　水淀粉2小匙，葱花、植物油各适量

步骤

1. 将内酯豆腐切成方块。青豆放入水中，用开水焯5分钟后捞出，凉凉备用。
2. 鲜虾仁放入开水中，余水至成熟，水留用。
3. 另起锅加入植物油，油锅烧热后用葱花炝锅，放入虾仁、豆腐块、青豆并加入余虾的水烧开，淋水淀粉使汤汁浓稠即可。

香辣小龙虾 | 难度★★

原料　小龙虾 400 克

调料　葱片、姜片、蒜片各25克，八角1颗，花椒、辣椒酱、料酒各1小匙，盐、白糖1/4各小匙，花生油适量

步骤

1. 小龙虾洗净沥水。锅烧热，倒入花生油，将小龙虾炒约3分钟至变色，盛出。
2. 净锅烧热后再次放入花生油，放入花椒和八角煸出香味，放入辣椒酱，炒香。加入葱片、姜片、蒜片翻炒。
3. 倒入小龙虾翻炒，烹入料酒，放盐、白糖调味，加入水，将小龙虾烧至入味，待汤汁收浓，关火即可。

Part 3

食材选菜

糖醋辣白菜

| 难度★

原料 大白菜半棵（约500克），红菜椒1/2个

调料 盐2小匙，香油、色拉油各1/2大匙，白糖、醋各3大匙，花椒粒7克，嫩姜1小块

步骤

1
白菜洗净，取菜帮切细丝，菜叶切宽条。

2
白菜帮丝、白菜叶条放大盆中，撒上盐拌匀，腌30分钟。

3
红菜椒去籽，切丝，焯水至断生。嫩姜切细丝。

4
白菜腌至变软时取出，用流水冲一下，挤干水。

5
锅中放入香油和色拉油烧热，放入花椒粒小火爆香，捞出花椒粒不用。

6
锅中加入白菜帮丝和白菜叶条，大火炒至白菜熟透，加入白糖和醋，翻炒均匀后立即关火。

7
盛出白菜，撒入姜丝和红菜椒丝拌匀，放凉后即可食用。

1

蚝油、生抽、白糖放碗内调匀成味汁。剁椒酱中加入少许香油拌匀。白菜心焯烫至软，沥干水。葱、姜片、蒜瓣均切末。

2

炒锅置火上烧热，倒入适量花生油，油凉时入葱末、姜末、蒜末，炒香，再放入剁椒酱炒出香气。

3

加入步骤①中调好的味汁，烧至起泡。

4

加入白菜心，大火爆炒几分钟，出锅时再淋入剩余香油，撒上香葱末即可。

剁椒烧白菜 | 难度★

原料　大白菜（取白菜心）300 克

调料　剁椒酱 30 克，姜片 2 片，蒜瓣 4 瓣，葱 2 根，蚝油 1 大匙，生抽 1/2 大匙，白糖、香油各 1 小匙，花生油、香葱末各适量

制作心得

◎ 这道菜最好选用新鲜的白菜心来做。如果用大棵的白菜就要先用刀切成段。

◎ 要想炒白菜不出汤，就要事先焯一下，并用手挤干水。加入白菜心后要大火快炒，不要在锅内停留太长时间。

阿婆手撕包菜

| 难度★

原料 圆白菜（手撕成片）半棵，五花肉片 250 克

调料 盐 1/4 小匙，花椒油 1 小匙，蒜瓣 3 瓣，姜片 5 克，蚝油、生抽各 1 大匙，干红辣椒 3～5 个，花生油适量

步骤

1. 干红椒切段。炒锅烧热，放入花生油，油凉时放五花肉片，小火干煸至变白，放入干红辣椒段、一半姜片、1 瓣蒜瓣，小火煸炒。
2. 直至肉色变成微黄色、出油，放入剩余的姜片、剩余的蒜瓣，炒出香味。
3. 放入撕好的圆白菜片，加入蚝油、盐、生抽，用中火慢慢炒制。
4. 炒至圆白菜片变软，加入花椒油即可出锅。

云南黑三剁

| 难度★

原料 猪绞肉（七分瘦，三分肥）120 克，青椒、红菜椒各 1 个（约 120 克），玫瑰大头菜 120 克

调料 生抽 1 大匙，香油 1 小匙，花生油适量

步骤

1. 青椒、红菜椒均对剖开，去籽，切成长条状再剁碎。玫瑰大头菜洗净，剁碎。
2. 炒锅烧热，加入少许油，凉油放入猪绞肉，用小火煸炒。
3. 边炒边用锅铲将猪绞肉铲开，使之不要结块，煸至出油。
4. 加入玫瑰大头菜、青椒碎和红菜椒碎、生抽，大火翻炒 2 分钟。最后淋入香油即可。

糖醋白菜

｜难度★★

原料　大白菜1棵，干木耳10克

调料　醋 1/2 大匙，盐 3/5 小匙，
白糖 2 小匙，水淀粉 8 克，
香油 1/2 小匙，植物油 20 克，
枸杞（焯熟）少许

制作心得

◎ 糖醋味的炒菜一般不用
放味精。

步骤

1
白菜取内心的菜帮，洗净，控
去水，切成粗丝，加少许盐
略腌一会儿。

2
干木耳用凉水浸泡至涨发，洗
去泥沙，捞出沥水，待用。

3
炒锅置旺火上烧热，倒入植物
油，待油温升至八九成热时将
白菜丝下锅爆炒。

4
锅中加剩余盐、白糖、醋，待
炒至白菜丝半熟时放入木耳，
翻炒至均匀入味。

5
用水淀粉勾芡，淋上香油，装
盘点缀少许枸杞即可。

干锅培根有机菜花 | 难度★★

原料　培根肉 4 片，有机菜花半个

调料　蒜瓣 3 瓣，盐少许，色拉油适量

步骤

1. 培根肉平铺在菜板上切成六等份。
2. 炒锅烧热后加入少许色拉油、蒜瓣煸出蒜香味。有机菜花掰成小朵，放入油锅中翻炒后铲出。
3. 净锅，炒锅重新烧热后加入少许色拉油，放入培根肉片煸炒出香味。
4. 放入煸好的菜花小朵翻炒，用盐调味后放入干锅中即可。

黑椒薯角西蓝花 | 难度★★

原料　西蓝花 1 个，土豆（去皮，切条）1 个

调料　橄榄油 50 克，盐适量，黑胡椒碎 5 克，蒜瓣 5 瓣

准备　西蓝花掰成小朵，土豆切成圆角条。

步骤

1. 锅中水烧开后加入少许盐，放入西蓝花小朵焯水。焯水后的西蓝花小朵迅速放入凉水中拔凉。
2. 平底锅烧热后，放入少许橄榄油、蒜瓣煸香后放入西蓝花小朵煸炒。
3. 净锅后平底炒锅内放入橄榄油，加入土豆条煎至呈金黄色。
4. 将西蓝花小朵与土豆条混合炒匀后加入盐、黑胡椒碎调味即可。

芦蒿香干 | 难度★★

原料 芦蒿 300 克，香干 100 克

调料 盐 3/5 小匙，味精 1/5 小匙，鲜汤 120 克，植物油 25 克

步骤

1. 香干切成段。芦蒿择除老根，切成段。
2. 炒锅置旺火上烧热，倒入植物油烧至六七成热，下入香干段煸炒，加少许鲜汤、盐，炒至香干段入味后装盘。
3. 炒锅复置火上，加油烧热，放入芦蒿段、盐、味精、剩余鲜汤翻炒均匀。
4. 芦蒿段快熟时加入香干段炒匀，淋明油（分量外），装盘即成。

茭白辣椒炒毛豆
| 难度★★

原料 茭白 300 克，青椒、红菜椒各 1 个，毛豆粒 50 克

调料 葱末、姜末各 4 克，盐 2/5 小匙，酱油 1 小匙，味精 1/6 小匙，白糖 1 小匙，植物油 20 克

步骤

1. 茭白去壳，削皮，切去老根，切成丝。
2. 青椒、红菜椒均去籽洗净，切成丝。
3. 毛豆粒用清水煮 5 分钟，捞出用凉水过凉。将炒锅烧热，倒入植物油，放入葱末、姜末煸香，加入茭白丝、青椒丝、红菜椒丝炒熟。
4. 锅中再放入毛豆粒，加盐、酱油、白糖、味精炒透入味，出锅装盘即可。

鱼香茭白 | 难度★★

原料　茭白 500 克

调料　泡辣椒末 20 克，葱花、姜末、蒜末各 5 克，盐 2/5 小匙，酱油 1 小匙，
味精 1/5 小匙，白糖 2 小匙，醋 1 小匙，香油 1/2 小匙，鸡汤 100 克，
水淀粉 10 克，植物油 1000 克（实耗 35 克），香菜叶少许

步骤

1 茭白剥壳，削皮，去掉老根，洗净，切成块。

2 炒锅烧热，倒入植物油，放入茭白块炸至断生，捞出沥油。

3 锅内留少量油，放入泡辣椒末、姜末、蒜末煸香。

4 锅中加盐、酱油、味精、白糖、醋、鸡汤烧沸，放入茭白块，撒入葱花。

5 用水淀粉勾芡，淋上香油，装盘点缀少许香菜叶即可。

酸辣萝卜 | 难度★★

原料　白萝卜 500 克，水发香菇、笋各 50 克

调料　酱油 2 小匙，盐 2/5 小匙，醋 2 大匙，干红辣椒 4 个，姜末 5
克，味精 1/5 小匙，水淀粉 10 克，香油 1 小匙，鲜汤 150 克，
植物油 25 克

步骤

1
将白萝卜去皮，洗净，切成滚
刀块。白萝卜块投入沸水锅中
煮至八成熟，捞出放入凉水盆
中浸凉，取出沥水。

2
干红辣椒去蒂、籽，洗净，切
成小段。

3
笋和香菇去蒂洗净，切成薄片。

4
炒锅烧热，倒入植物油，放入
姜末煸香，随即放入干红辣椒
段煸炒出香味，下香菇片、笋
片、白萝卜块同炒几下。

5
倒入酱油、醋和鲜汤，加盐烧
开，改用小火烧 10 分钟，待
萝卜酥软熟透。

6
加入味精，用水淀粉勾芡，淋
入香油拌匀，装盘即可。

素烧三丁

| 难度★★

原料 土豆2个，胡萝卜1个，黄瓜半根，青椒1个

调料 干红辣椒2个，甜面酱1小匙，酱油2小匙，葱末、姜末、蒜末各少许，植物油、香油各适量

原料 土豆去皮切小丁。胡萝卜、黄瓜均切小丁。干红辣椒切成段。

步骤

1 锅烧热，加少许植物油和土豆丁，将食材平铺在锅中，小火慢烤至略带焦香，盛出。

2 净锅后加植物油烧热，将胡萝卜丁放入锅中炒制一会儿。

3 净锅后炒锅重新烧热，加入适量植物油，放入葱末、姜末、蒜末爆香后放入干红辣椒段。

4 将土豆丁、胡萝卜丁放入锅中炒匀。

5 锅中加入甜面酱继续翻炒。

6 加入适量清水炖七八分钟，使土豆更加绵软后加入酱油调味、着色，汤汁收至浓稠后加入黄瓜丁炒匀，再淋入少许香油即可。

熘胡萝卜丸子 | 难度★★

原料 胡萝卜 400 克，面粉适量

调料 五香粉 $2\frac{1}{2}$ 小匙，酱油1小匙，盐3/5 小匙，葱末、姜末各 $7\frac{1}{2}$ 克，植物油 100 克（实耗 40 克），水淀粉 100 克，香菜 25 克

步骤

1
胡萝卜擦丝后剁碎，放入盆内。

2
香菜剁成末，倒入盛胡萝卜碎的碗内，加入五香粉、面粉、少许盐、大部分水淀粉拌匀，制成胡萝卜碎糊。

3
炒锅烧热，倒入植物油烧至六七成热。将拌匀的胡萝卜碎糊做成丸子，下油锅炸至呈金黄色，捞出沥油。

4
锅内留少量油，放入葱末、姜末煸香，加入酱油、剩余盐和适量的水，烧开后用余下的水淀粉勾芡。

5
投入丸子搅拌均匀，装盘即成。

香焗南瓜 | 难度★★

原料 南瓜 300 克，咸蛋黄（切碎）100 克

调料 味精 5 克，白糖 10 克，干淀粉 50 克，花生油适量，香葱（切葱花）少许

步骤

1. 南瓜洗净去皮，切成长条备用。
2. 锅置火上，放入花生油烧至四成热。将南瓜条裹上干淀粉，下锅炸至南瓜条稍微变软时捞出控油。
3. 锅内留少许油，放入切碎的咸蛋黄和葱花翻炒至起泡。
4. 锅中再放入炸好的南瓜条翻炒均匀，撒上白糖和味精，即可装盘。

金瓜百合 | 难度★

原料 南瓜 400 克，鲜百合 250 克

调料 盐 1 小匙，味精 2/5 小匙，水淀粉 10 克，葱油 20 克

步骤

1. 将南瓜洗净，对剖成两半，削去皮，除去瓤，洗净后切成片，待用。鲜百合用清水浸泡至软，待用。
2. 鲜百合入沸水中焯 1～2 分钟，捞出沥水。炒锅烧热，加入葱油，放入南瓜片、鲜百合翻炒。
3. 加入盐、味精，炒至原料熟透后用水淀粉勾芡，出锅装盘即成。

西芹百合 | 难度★★

原料 水发百合 150 克，西芹段 100 克，圣女果片 50 克

调料 盐 1 小匙，鲜汤 100 毫升，水淀粉、花生油各适量

步骤

1. 将西芹段、百合、圣女果片放入沸水锅中焯烫至断生，捞出沥干水。
2. 炒锅放入花生油烧热，放入三种原料略炒。
3. 加入鲜汤烧开，再加入盐。
4. 用水淀粉勾玻璃芡，翻炒均匀即成。

什锦京葱 | 难度★★

原料 洋葱150克,猪瘦肉100克,红菜椒、青椒、木耳各 20 克

调料 盐 1/3 小匙，味精 1/5 小匙，白糖 1/2 小匙，植物油 25 克

步骤

1. 洋葱洗净，切丝。红菜椒、青椒洗净，切成丝。木耳用凉水浸泡至涨发，洗净，撕成小朵。
2. 猪瘦肉切成丝，下入沸水锅中汆烫一下，立即捞出，沥干水备用。
3. 炒锅置旺火上烧热，倒入植物油烧至八成热，放入洋葱丝爆香。
4. 加入猪肉丝、红菜椒丝、青椒丝、木耳小朵，调入盐、白糖、味精翻炒均匀至入味，淋明油（分量外），出锅即成。

鲜笋炒面筋

|难度★★

原料 鲜笋 200 克，面筋 150 克，胡萝卜片少许

调料 盐5克,蚝油10克,酱油8克,姜片、蒜片、色拉油各少许

制作心得 ◎ 如果原材料选用油面筋，则可以不必油炸。

步骤

1 将鲜笋剥去笋皮。

2 鲜笋洗净后沥干水，切片，入沸水中汆透。

3 胡萝卜片、姜片、蒜片分别洗净，备用。

4 面筋切正方形小块，入油锅中炸好，捞出沥油，备用。

5 净锅后锅中放入色拉油烧热，煸香姜片、蒜片，再将鲜笋片下入锅中，快炒2分钟。

6 放入炸好的面筋块，加少许水，煮3分钟后调入盐、蚝油、酱油翻匀，大火收汁即可。

藕条杏鲍菇

| 难度★★

原料 杏鲍菇1个，莲藕1节，鸡蛋清1个

调料 干淀粉20克，浓缩橙汁2小匙，植物油适量

步骤

1
莲藕去皮，切成一指宽的条。

2
切好的莲藕条冲水后继续泡在水中，防止变色。

3
杏鲍菇切丝后加入干淀粉。

4
将鸡蛋清倒入杏鲍菇丝内混合，抓匀，待用。

5
泡好的藕条沥干水，放在中间，用杏鲍菇丝包裹起来，制成藕条杏鲍菇生坯。

6
炒锅烧热后多放入一些植物油，油温达到八成热时放入藕条杏鲍菇生坯炸至表面呈金黄色，出锅时淋上浓缩橙汁即可。

脆藕炒鸡米

| 难度★★

原料 鸡腿 2 只，黄瓜 1/5 条，干香菇 4 朵，小胡萝卜 1/4 根，莲藕 1/2 节

调料 A. 姜片 1 片，生抽 2 小匙，白糖 1/2 小匙，植物油适量
B. 生抽、玉米淀粉各 2 小匙，白糖 1/2 小匙，植物油 1/2 大匙，盐、味精各 1/8 小匙

步骤

1 将鸡腿去骨，鸡肉连皮剁成小颗粒状。干香菇用温水浸泡 20 分钟至变软。

2 将莲藕、胡萝卜、黄瓜洗净，分别切小丁。香菇切小丁。调料 A 的姜片切成姜蓉。

3 将调料 B 和姜蓉放入碗中，加入鸡粒调匀，静置腌制 30 分钟。

4 炒锅烧热，放入适量植物油，转小火，放入鸡粒慢慢煎香。刚开始的时候不要翻动锅子，待鸡粒开始缩小时由底部铲起，小火煎至鸡粒变得有些呈微黄色、油脂出来时，将鸡粒盛出。油留用。

5 锅内再放入香菇丁炒香，再加莲藕丁翻炒约 2 分钟，最后加胡萝卜丁、黄瓜丁、鸡粒，调入调料 A 中的生抽、白糖，大火翻炒几下即可出锅。

制作心得

◎ 给鸡腿去骨最好用厨房剪刀，这样既方便又不容易伤到手。

1

西葫芦洗净后对半切开后，去除内瓤，切成厚片。

2

虾仁去除虾线。

3

锅中加适量植物油烧热，姜末、蒜末爆香后放入西葫片，煸炒一下。

4

放入虾仁，与西葫片混合后翻炒均匀，加盐调味即可。

嫩西葫炒虾仁 | 难度★

原料 西葫（小）1个，虾仁10个

调料 盐、姜末、蒜末各少许，植物油适量

制作心得 ◎ 虾仁与西葫搭配很合适。西葫能将虾仁的鲜香全部吸收进去。

跳水丝瓜 | 难度★

原料 粉丝1把，丝瓜1根

调料 干红辣椒圈、姜末、蒜末、盐、色拉油各少许

准备 粉丝泡发。丝瓜切成滚刀块。

制作心得
◎ 丝瓜是夏季当季好的食材，是祛暑、开胃佳品，可选多种方法食用。
◎ 焯丝瓜时在水中加入适量盐及色拉油会使丝瓜保持其嫩绿颜色。

步骤

1 开水锅内加少许盐及色拉油，放入丝瓜，待水再次沸腾时即可捞出。

2 焯过水的丝瓜块放入凉水盆中。

3 炒锅中加入适量色拉油，油锅烧热后用姜末、一部分蒜末炝锅，放干红辣椒圈煸香后加入适量开水，加盐调味后入粉丝，煮熟后捞入丝瓜块放入碗中。

4 将剩余汤汁淋入丝瓜块粉丝内，放入剩余蒜末即可。

蒜蓉丝瓜 | 难度★

原料 丝瓜 300 克

调料 盐 5 克，味精 3 克，色拉油 10 克，大蒜 100 克

制作心得 ◎ 炒蒜蓉时一定要注意油温、火候，以免炒焦而味道发苦。

步骤

1. 丝瓜削去两端，刮去外皮。
2. 丝瓜洗净，切成段，装盘中。
3. 蒜拍扁，剥去蒜皮，剁成蓉。
4. 锅中放入色拉油烧热，下入蒜蓉炒香，再下入盐、味精炒匀，浇在丝瓜段上，入蒸锅蒸 10 分钟即可。

松仁玉米 | 难度★★

原料 甜玉米粒 300 克，松子 30 克，青椒、红菜椒各 1/5 个

调料 黄油 15 克，白糖 2 小匙，盐 1/2 小匙

步骤

1. 青椒、红菜椒切成 3 毫米见方的小粒。松子去壳、去皮，取松子仁。炒锅内放入松子仁，开小火将松子仁焙炒出香味，盛出备用。
2. 炒锅烧热，放入黄油，用小火炒化。
3. 加入青椒粒、红菜椒粒，小火炒至断生。加入甜玉米粒、盐、白糖，用中火翻炒约 3 分钟。
4. 最后加入松子仁，翻炒均匀即可出锅。

莴笋炒肉末

🕐 15分钟

原料　莴笋1根，猪绞肉120克

调料　红辣椒1个，生抽2小匙，盐1/3小匙，鸡精1/4小匙，色拉油适量，蒜瓣4瓣，香油1小匙

制作心得　◎ 莴笋很容易熟，不需要炒太长时间，否则会失去爽脆的口感。

步骤

1 削去莴笋根部，去皮，只留内部绿色部分。

2 莴笋去皮切小丁，蒜瓣切碎，红辣椒切成圈。

3 炒锅烧热，放1小匙色拉油稍加热，加入猪绞肉、蒜末，小火煸炒出油脂。

4 炒至肉末变色，加入生抽调味，炒匀后盛出，备用。

5 炒锅洗净，加少许色拉油烧热，加入莴笋丁、红辣椒圈、盐，翻炒1分钟。

6 加入炒好的猪绞肉，调入鸡精、香油炒匀即可。

三鲜炒春笋

| 难度★★

原料 春笋 400 克，鱿鱼、虾仁、蟹柳各 50 克

调料 葱花、蒜末共 12 克，盐 4/5 小匙，味精 1/5 小匙，鸡粉 1/2 小匙，水淀粉 10 克，植物油 25 克

制作心得 ◎ 这道菜一定要选择较嫩的春笋来制作。

步骤

1 春笋剥壳，削皮，去老根，洗净。

2 将春笋和蟹柳分别切成菱形片。

3 鱿鱼洗净，除去筋膜，先改花刀，再切成片即成鱿鱼花片。

4 虾仁洗净，除去虾线。

5 锅内加入清水烧沸，将鱿鱼花片和虾仁一同下锅汆一下，捞出沥水，备用。

6 洗净炒锅，放入植物油烧至六七成热，用葱花、蒜末炝锅，倒入春笋片、鱿鱼花片、虾仁、蟹柳片。

7 加入盐、鸡粉、味精翻炒均匀入味，淋明油（分量外），出锅盛盘即成。

家常冬笋

▎难度★★

原料 冬笋 400 克，香菇 50 克，青椒 1 个

调料 酱油 1/2 大匙，白糖 1 小匙，料酒 2 小匙，郫县豆瓣酱 20 克，味精 2/5 小匙，香油 1 小匙，水淀粉 10 克，植物油 25 克

制作心得 ◎ 用冬笋做菜以清淡为宜，郫县豆瓣酱的用量不宜过多。

1 将冬笋从中间剖开，剥去笋壳，切掉根，洗净。冬笋切成小方丁。青椒去蒂、籽，也切成丁。

2 香菇用沸水泡开，剪去蒂，切成丁。

3 炒锅中放入清水烧沸，放入冬笋丁煮 3 分钟，捞出，在凉水中过一下。

4 炒锅烧热，倒入植物油，放入冬笋丁、青椒丁略煸。

5 加入郫县豆瓣酱炒匀，再放入香菇丁、酱油、白糖、料酒炒匀。

6 加清水烧沸，调入味精，用水淀粉勾芡，淋入香油，装盘即可。

酱汁春笋 | 难度★★

原料 春笋 500 克

调料 鸡汤 200 克，甜面酱 100 克，酱油 1 大匙，盐、白糖各 1/2 小匙，味精、香油各 1/3 小匙，植物油 50 克，香菜叶少许

步骤

1 春笋从中间一剖两半，剥去外壳，洗净。将春笋切成片，再用刀轻轻拍松。

2 甜面酱放入碗中，加入少许鸡汤调匀，制成酱汁。

3 春笋片入沸水锅煮 5 分钟以去除发涩的口感，捞出后在凉水中过凉。

4 炒锅烧热，倒入植物油，加入酱汁和春笋片烧开。

5 加盐、酱油、味精、白糖调味，加入剩余鸡汤，加盖，小火焖烧 10 分钟。

6 再用旺火焖至汁收干，淋入香油，装盘后点缀香菜叶在一旁做装饰即可。

红烧五花肉烩笋干

| 难度★★★

原料 五花肉 1000 克，燕笋干 50 克

调料 柠檬片 2 片，红腐乳 2 块，番茄沙司 4 小匙，豆瓣酱 1 小匙，高度白酒少许，香葱 5 根，姜片、色拉油各适量，八角 2 颗，冰糖 20 克，桂皮、罗勒叶各少许

工具 马连草叶 4 根

准备 五花肉切成长宽一致的正方形块。燕笋干用凉水泡发开。

◎ 制作大块五花肉，不但菜品的品相会非常好，还可以改刀制作成酱肉。

◎ 炒糖色时添加高度白酒是为了有效去除肉的腥味，淋入锅边是让酒气有效地挥发出来。冰糖化时即转成小火，一般就不会过火。

◎ 将香葱择出来是因为葱香在煮制时已经充分散发出来了，如果再一起放入高压锅就会烂掉。

步骤

1 用马连草叶将五花肉块定形捆绑。

2 捆绑好的五花肉块放入凉水锅中，加入 2 片柠檬片，开火加热，汆水去除腥味。

3 红腐乳内加入番茄沙司，再与豆瓣酱混合调匀成料汁，待用。

4 炒锅烧热后加入适量色拉油及冰糖，待冰糖化开稍起青烟时，转成小火并放入五花肉块翻炒。

5 五花肉块上色后在锅边淋入高度白酒，翻炒均匀后铲出。

6 炒锅重新烧热后加入少量油，放入香葱、姜片、八角、桂皮，小火煎出葱香后放入五花肉块。

7 将泡好的燕笋干放入锅中。

8 料汁里加开水后倒入锅中，大火烧开，汤汁渐浓稠时挑出香葱，倒入高压锅中压制 30 分钟。出锅装盘后点缀罗勒叶装饰即可。

腊肠炒双笋 | 难度★★★

原料　竹笋、腊肠各 200 克，罐装玉米笋 100 克，尖椒 50 克

调料　葱末、姜末各 4 克，盐 1/2 小匙，味精 1/5 小匙，白糖 1 小匙，
酱油 1/2 大匙，植物油 25 克

步骤

1
将玉米笋从罐头中捞出沥水，切片。腊肠切片。

2
竹笋剥壳，去外皮，除去老根，洗净。

3
竹笋切片。尖椒洗净，切条备用。

4
锅中加清水烧沸，将玉米笋片、竹笋片分别投入锅中焯烫至断生，捞出沥水。

5
炒锅中加入植物油，烧至五六成热，放葱末、姜末炝锅，放入所有原料同炒。

6
加入其他调料调好口味，炒匀出锅即成。

糖醋面筋包

│ 难度★★

原料 面筋 250 克，鲜虾 6 只，绿豆芽 20 克

调料 蚝油 2 小匙，白糖 1 小匙，蒜末、酱油各少许，陈醋 4 小匙，花生油适量

准备 鲜虾用开水氽烫，去掉虾头、虾尾，取虾仁备用。绿豆芽择洗干净，去掉头，制成银芽。

步骤

1 面筋用手撕开成块状。

2 虾仁背部划一刀，挑出虾线。

3 锅中倒适量花生油烧热，撕开的面筋块放入热油中炸至酥脆后捞出。

4 锅内留少许底油，炒锅烧热后放入虾仁煸炒，盛出备用。

5 将蚝油、白糖、陈醋、酱油混合成料汁。

6 炒锅加少许花生油，烧热后将蒜末爆香，放入面筋块、虾仁翻炒均匀后烹入料汁迅速翻炒，再加入银芽翻炒即可。

客家煎酿苦瓜

| 难度★★

原料　苦瓜 1 个，猪肉馅 250 克，荸荠 2 个

调料　盐少许，干淀粉 20 克，香油 3 小匙，鲜红辣椒少许，花生油适量

步骤

1. 荸荠去皮切碎，与猪肉馅调和，加入盐、香油调匀。
2. 苦瓜削去两端，挖去中间的瓤，切成空心的长段，做成苦瓜圈。将调好的猪肉馅放入苦瓜圈内。
3. 蒸锅水开后将苦瓜肉圈放入，蒸制 5 分钟左右，使馅内油脂析出一部分，取出。
4. 苦瓜肉圈两面蘸上干淀粉，平底锅内加入少量花生油烧热，将苦瓜肉圈放入平底锅内小火煎制。将苦瓜肉圈煎至两面呈金黄色，装盘后点缀切成花瓣状的鲜红辣椒作为装饰即可。

酱茄焖豆角 | 难度★★

原料　长豆角 250 克，长茄子 2 个，猪肉末 50 克

调料　沙茶酱 2 小匙，酱油 1 小匙，盐、蒜片各少许，红辣椒 2 个，香葱（小）2 根，橄榄油适量

准备　长豆角切成寸段。长茄子去皮，切成条。红辣椒切圈。香葱切段。

步骤

1. 锅中水烧开后加入少许盐及橄榄油，放入长豆角段焯水。
2. 炒锅加适量橄榄油，烧热后放蒜片炝锅，加入猪肉末煸炒。
3. 茄子条放入锅中，与肉末同炒，炒至茄子条软烂后加入酱油。
4. 长豆角段放入锅中与茄子条同炒至九成熟，加入沙茶酱、红辣椒圈及香葱段翻炒均匀即可。

酱炒苦瓜

| 难度★★

原料 苦瓜 350 克

调料 盐 2/5 小匙，甜面酱 15 克，
白糖 1 小匙，鲜汤 80 克，
植物油 20 克

制作心得
◎ 甜面酱要先下锅，炒出
酱香味。
◎ 苦瓜在锅中要煸透。

步骤

1 苦瓜切掉两端尖细部分，顺长
对剖成两半，挖出瓤，洗净。

2 苦瓜切成长 4 厘米、宽 1 厘米、
厚 0.6 厘米的条。

3 炒锅置旺火上烧热，倒入植物油
烧至六成热，放入甜面酱炒香。

4 放入盐、白糖炒匀，随后倒入
苦瓜条反复煸炒。

5 炒至苦瓜条稍软且裹满酱汁时
淋入鲜汤，加盖焖 2 ~ 3 分钟，
出锅装盘即可。

干煸苦瓜

| 难度★★

原料 苦瓜 300 克，海米、猪肉各 30 克

调料 蒜瓣、辣椒碎、花椒、盐、味精、红油、花生油、料酒、白糖各适量

步骤

1 苦瓜洗净，顺长对剖成两半。

2 苦瓜去瓤，切成 4 厘米长的条。

3 猪肉、海米、蒜瓣分别切成末。

4 苦瓜条下入开水锅中焯一下，捞出，沥干。

5 再放入六成热油中炸一下，捞出。

6 炒锅加花生油烧热，放入蒜末、花椒、辣椒碎、海米末、猪肉末炒香。

7 再放入苦瓜条，边翻炒边加盐、味精、白糖、料酒。

8 最后淋入红油炒匀，出锅即成。

干煸尖椒 | 难度★★

原料 尖椒 500 克，红菜椒粒少许

调料 盐 4/5 小匙，植物油 25 克

制作心得 ◎ 如觉得尖椒过辣，可将尖椒内的瓤去干净。

步骤

1. 尖椒剪去蒂，洗净，整个放在净锅（不放油）内，小火翻炒。
2. 待尖椒的水分快炒干时用铲子压扁，待煸到表面略糊时盛出。
3. 炒锅置旺火上烧热，倒入植物油烧至六成热，放入煸干的尖椒，加盐翻炒至入味，出锅装盘，点缀焯过水的红菜椒粒即可。

香焗南瓜 | 难度★★

原料 南瓜 300 克，咸蛋黄 100 克

调料 白糖 2 小匙，干淀粉 3 大匙，花生油适量，葱花少许

步骤

1. 南瓜洗净去皮，切成长条。咸蛋黄切碎，备用。
2. 锅置火上，倒入花生油烧至四成热。将南瓜条裹上干淀粉，下锅炸至南瓜条稍微变软时，捞出控油。
3. 锅内留少许底油，加入葱花炒香，放入切碎的咸蛋黄翻炒至起泡。
4. 锅中再放入炸好的南瓜条翻炒均匀，撒上白糖，装盘即可。

拔丝山药 | 难度★★

原料 山药 500 克，青椒丝和红菜椒丝共 15 克

调料 熟白芝麻10克，白糖100克，植物油800克（实耗约35克）

步骤

1 山药削去皮，洗净，切成菱形块。

2 山药块用清水浸泡，捞出沥干。

3 炒锅内放油烧至四成热，将山药块下锅，炸至山药块熟透且呈浅黄色时捞出。

4 洗干净锅后在炒锅内放少量水，加白糖熬至呈浅黄色且能拔出丝。

5 倒入炸好的山药，关火后继续翻炒，边炒边撒青椒丝、红菜椒丝、熟白芝麻。

6 翻炒匀后盛入盘内即成。

1

长山药去皮，斜刀切成薄片，泡入清水中，防止变色。胡萝卜斜切成片。

2

白果仁放入开水中焯5分钟，捞出备用。

3

炒锅中倒入适量花生油，烧热后加入葱末、姜末、蒜末爆香。将白果仁、木耳块放入锅中翻炒均匀。

4

加入长山药片、胡萝卜片迅速翻炒，以蚝油、白糖、盐调味，加香葱段点缀即可。

什锦长山药 | 难度★★

原料 长山药1根，水发木耳150克，胡萝卜1/2根，白果仁1袋

调料 蚝油1小匙，白糖1/2小匙，香葱1根，盐、葱末、姜末、蒜末各少许，花生油适量

准备 将水发木耳用手撕成小块后入开水锅焯一下。香葱切段。

制作心得

◎ 夏季长山药不易保存，每次购买时不要多买。长山药如有褐色斑点，需要全部清除。

◎ 白果仁在炒制前一定要用开水焯过，这样能更快做熟。

荷塘小炒 | 难度★★

原料 莲藕 100 克，山药 100 克，胡萝卜 100 克，木耳 10 克，荷兰豆 50 克

调料 盐、鸡精各 1/4 小匙，葱碎、姜碎各 1 小匙，水淀粉 1 大匙（1 小匙玉米淀粉加 1 大匙清水调成），
植物油适量

步骤

1 木耳用凉水泡发，去蒂，撕成小朵。其他原料也准备好。

2 莲藕切圆片，山药、胡萝卜均切菱形片。荷兰豆洗净，切去两端，再切成段。

3 烧一锅开水。锅内放入少许盐、植物油，加入莲藕片、山药片、胡萝卜片焯 1 分钟。

4 再加入木耳块、荷兰豆段，焯30 秒，捞起。

5 焯过的蔬菜放入凉开水中过凉，控干水。

6 炒锅烧热，放少许植物油，放入葱碎、姜碎炒出香味。

7 加入控干水的蔬菜，调入剩余的盐、鸡精，大火爆炒 1 分钟。

8 加入水淀粉勾芡，出锅即可。

拔丝地瓜

| 难度★★

原料　地瓜 500 克，龙虾片 15 克，面粉 20 克

调料　泡打粉 30 克，白糖 20 克，干淀粉 15 克，花生油 500 克

制作心得　◎ 熬糖浆时要用小火。

步骤

① 地瓜洗净，削皮，切成滚刀块。

② 地瓜块均匀裹上用干淀粉、面粉、泡打粉调成的混合粉。

③ 锅中加花生油烧至 90℃，把地瓜块放入油内炸熟透至呈金黄色，捞出控油。

④ 热油锅中放入龙虾片炸至酥脆，捞出装盘。

⑤ 锅中加清水、白糖，用小火熬糖，开始时糖水会起大泡。

⑥ 大泡慢慢变成小泡。

⑦ 白糖水开始变稠。

⑧ 糖液颜色变深，就熬好了。

⑨ 倒入炸好的地瓜块，让糖液完全粘在地瓜块上，盛入铺有龙虾片的盘中即可。

拔丝苹果

| 难度★★

原料　苹果 250 克，面粉 10 克，鸡蛋 1 个

调料　植物油 1000 克（实耗约 35 克），白糖 120 克，干淀粉 50 克

步骤

1
苹果洗净，去皮、核，切成滚刀块。将苹果块在面粉中滚一下。

2
将裹了面粉的苹果块放入用鸡蛋、淀粉和少量清水调成的糊中挂匀。

3
热锅内倒入植物油，烧至六七成热，将苹果块放入油中炸制。

4
炸至苹果块表面呈金黄色后捞出，放漏勺中沥油。

5
炒锅内留少许底油，加入适量白糖和水炒制，不停翻炒直至看到糖汁冒出的大泡变为小泡。

6
待糖汁变成浅黄色时，立即放入炸好的苹果块。

7
离火颠翻均匀，使苹果块裹匀糖汁，装盘即可。上桌时配一碗凉开水。

炸薯条 | 难度★★

原料 土豆 500 克，鸡蛋黄适量

调料 吉士粉、盐、鸡精、干淀粉、水淀粉、番茄沙司、白糖、花生油
各适量

步骤

1
将土豆去皮切条，加入盐、鸡精、蛋黄、吉士粉拌匀。

2
将土豆条均匀地蘸上干淀粉，待用。

3
锅内倒入花生油烧至五成热，放入土豆条，用小火慢炸。

4
待土豆条熟透且呈金黄色时捞出，沥油，堆入方碗中。另取一个小碗，倒入少许熟油备用。

5
锅内留少许油，放入番茄沙司、白糖翻炒片刻。

6
用水淀粉勾芡，淋少许备用的熟油。做好的芡汁，一部分盛于碟中做蘸料，剩下的浇在炸好的薯条上。

碧绿银杏 | 难度★★

原料 荷兰豆 200 克，白果（即银杏果）50 克

调料 蒜末 6 克，盐 2/5 小匙，味精 1/5 小匙，白糖 1/2 小匙，鸡精 1/3 小匙，水淀粉 8克，植物油 20 克，姜片少许

制作心得 ◎ 炒制时以中火为宜，成菜应干净、爽脆。

步骤

1. 将荷兰豆除去筋，冲洗干净，切大段待用。白果去壳后洗净，备用。
2. 锅中加水烧沸，将荷兰豆段和白果仁投入锅中焯水，至断生即可捞出，沥水。
3. 炒锅烧热，倒入植物油烧至五六成热时放入蒜末、姜片爆香，将荷兰豆段、白果仁放入锅中。
4. 加入盐、白糖、味精、鸡精煸炒均匀至入味，用水淀粉勾芡，淋明油（分量外），出锅即成。

木耳烤麸 | 难度★

原料 木耳 50 克，烤麸 200 克，红菜椒 1 个

调料 姜丝 5 克，盐 6 克，鸡粉 8 克，花生油适量

步骤

1. 木耳泡发好，洗净，入沸水锅中焯烫，备用。
2. 红菜椒洗净，切片。
3. 净锅置火上，倒入花生油烧至六成热，放入烤麸炸至呈淡黄色，捞出。
4. 锅中留少许底油，放入姜丝煸炒，煸出香味后放入木耳、烤麸及红菜椒片，加入盐和鸡粉，炒匀即可。

竹香鲜蘑 | 难度★★

原料 鲜平菇100克，腐竹150克

调料 色拉油、盐、味精、酱油、葱丝、姜丝、
香油各适量，香菜叶少许

步骤

1 腐竹用温水发制3小时，发制完成后用清水洗净，切成段。

2 鲜平菇洗净，撕成条。

3 炒锅加水烧沸，放入平菇条焯水，捞出，用清水冲凉，挤净水备用。

4 净锅上火，倒入色拉油烧热，放入葱丝、姜丝爆香，放入平菇条、腐竹段翻炒。

5 调入适量盐、酱油、味精炒熟，淋香油，关火。装盘时放入香菜叶装饰即可。

芥蓝腰果炒香菇 | 难度★★

原料　芥蓝 400 克，腰果 50 克，干香菇 10 朵，红菜椒适量

调料　蒜片 5 克，盐 3/5 小匙，味精 1/5 小匙，鸡精 2/5 小匙，白糖 1 小匙，植物油适量，水淀粉 8 克

步骤

1

芥蓝取茎部，洗净，用刀切成段。红菜椒切成和芥蓝段等长的小段。

2

事先将干香菇用水泡发，洗净，切成块。

3

锅中倒入清水烧沸，将香菇块和备好的芥蓝段、红菜椒段一起下入沸水锅中焯水，捞出沥干。

4

腰果洗净，控干水，放入六七成热的油中炸熟，捞出沥油。

5

净锅加入植物油烧热，放入蒜片爆香，放入芥蓝段、红菜椒段、腰果、香菇块翻炒均匀。

6

加入盐、白糖、鸡精、味精调味，用水淀粉勾芡，淋明油，关火，出锅装盘即成。

酿鲜香菇 | 难度★★

原料　鲜香菇 8 个，猪肉馅 200 克

调料　葱末、葱丝、姜末、盐、花生油、干淀粉各少许，酱油 3 小匙，香油 2 小匙，蒸鱼豉油 1 小匙

制作心得

◎ 制作酿馅香菇时，不宜选择太大的香菇，并且要选个头均匀的香菇。

◎ 香菇蒂部其实非常好吃，把它切在馅料里，既不浪费又很提味。

步骤

1　将香菇表面切十字花刀，使它看起来更美。切下香菇蒂并切碎。

2　将切碎的香菇蒂放入肉馅中，加入适量盐调味。将香油、酱油、蒸鱼豉油、葱末、姜末放入馅料里调拌均匀。

3　香菇凹面朝上，装入馅料。将肉馅表面蘸上干淀粉。

4　平底锅烧热后放入少许花生油，先将香菇带馅料的一面朝下放入锅中，小火慢慢煎至肉馅表面微黄后翻面，继续煎至另一面成熟，装盘后用葱丝装饰即可。

香菇栗子 | 难度★★

原料 干香菇、栗子各200克，红菜椒、青椒各适量

调料 葱花、姜末、蒜末共12克，盐1/2小匙，味精2/5小匙，蚝油1小匙，
植物油25克

步骤

1 干香菇提前泡发好，切去根部，洗净，切成块。红菜椒和青椒分别洗净后切成块。

2 事先将栗子蒸熟，剥壳后取出栗子肉，切成两半。

3 锅中加入清水烧沸。将香菇块和栗子块分别下锅焯一下，立即捞出，控干水。

4 净锅置火上烧热，加入植物油烧至六七成热，下葱花、姜末、蒜末爆锅，放入香菇块、栗子块，调入盐、味精、蚝油翻炒均匀。

5 放入红菜椒块、青椒块翻炒均匀，出锅装盘即成。

百合银杏炒荷兰豆 | 难度★★

原料 百合 30 克，银杏果仁 25 克，荷兰豆 600 克

调料 葱花、姜丝各 5 克，盐、味精、鸡粉各 1/2 小匙，植物油、白糖各适量，水淀粉 1 小匙

步骤

1 银杏果仁洗净。百合去黑根，洗净。

2 荷兰豆择去两头，洗净。

3 上述原料分别下入加了少许盐和植物油的沸水中焯烫一下，捞出沥干。

4 锅里加油烧热，放入葱花、姜丝炒香，再放入荷兰豆、银杏果仁、百合。

5 加入剩余的盐、味精、鸡粉、白糖翻炒均匀，用水淀粉勾芡。

6 淋入适量植物油炒匀，出锅装盘即可。

干煸四季豆 | 难度★★

原料 四季豆 500 克，猪肉 80 克，芽菜（或冬菜）50 克

调料 酱油 1/2 大匙，盐 2/5 小匙，味精 1/5 小匙，料酒 1 小匙，
熟猪油 25 克，植物油少许

步骤

1 四季豆洗净后择去筋，掰成两半。

2 猪肉切末。芽菜淘洗干净，挤干，切末。

3 炒锅加少许植物油烧热，放入猪肉末煸干水。

4 加入芽菜末煸香，出锅备用。

5 炒锅烧热，倒入熟猪油，放入四季豆段，煸炒至干透。

6 锅中加入猪肉末、芽菜末，倒入料酒煸干，出香后，放入酱油、盐、味精炒匀，出锅即可。

榄菜四季豆 | 难度★★

原料 四季豆 250 克，橄榄菜 25 克，猪肉末适量

调料 蒜末 8 克，盐 1/3 小匙，味精 1/5 小匙，白糖 1 小匙，植物油 25 克

制作心得 ◎ 翻炒时间不宜过长，否则成菜颜色会发黑。

1 四季豆除去筋，洗净后切成小段，待用。

2 锅中加入清水烧沸，放入四季豆段焯水至断生，捞出沥干水，备用。

3 炒锅洗净，置火上烧热，倒入植物油烧至六七成热，将猪肉末入锅炒熟。

4 放入蒜末、四季豆段煸炒，放入盐、白糖、味精和橄榄菜炒匀，出锅装盘即成。

步骤

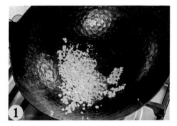

① 炒锅烧热后放入少量色拉油，将蒜碎炸至呈金黄色，取出后放在吸油纸巾上凉凉备用。

② 锅中加少许色拉油，放入蒜瓣及四季豆段小火煸炒至四季豆变色、变软后铲出。

③ 将花椒及干红辣椒段放入锅中炒香。

④ 加入炒好的蒜碎，再加入四季豆段继续翻炒至成熟。加入少许酱油及盐调味即可。

金蒜子四季豆 | 难度★★

原料 四季豆 250 克

调料 蒜瓣 10 瓣，干红辣椒 2 个，花椒 10 粒，酱油、盐、色拉油各适量

准备 四季豆去筋后掰成寸段。取蒜瓣 6 瓣剁碎。干红辣椒切段。

制作心得 ◎ 四季豆一定要煸炒成熟。人食用不熟的四季豆后会出现中毒现象。

豆角肉末炒榄菜 | 难度★★

原料 豆角、猪肉各 200 克，橄榄菜 50 克

调料 盐、生抽各 2 小匙，味精 1/2 小匙，醋 1 小匙，姜末、蒜末各少许，色拉油适量

 制作心得 ◎ 橄榄菜已有一定的咸鲜味，调味时调料要少放些。

步骤

1 将豆角洗净，切粒。

2 橄榄菜洗净。猪肉切末，加 1 小匙盐拌匀。

3 炒锅中倒入色拉油烧热，加入姜末、蒜末炒香，放入肉末炒熟，盛出备用。

4 另起锅，倒入适量色拉油烧热，将豆角粒、橄榄菜倒入锅中炒至断生。

5 放入炒好的肉末，调入 1 小匙盐、味精、生抽、醋，炒匀至入味即可。

雪菜肉末

| 难度★★

原料 肉馅120克，雪里蕻300克，笋（小）1根

调料 酱油1大匙，白糖2小匙，盐少许，植物油适量，葱花5克，干红辣椒3个

步骤

1
笋去壳，切成丁。干红辣椒切成小段。

2
雪里蕻洗净，挤干，择掉老叶。

3
将雪里蕻切成细末，再次将水挤干。

4
炒锅中放入5克植物油烧热，加入葱花爆香，放入笋丁炒至香气透出。

5
锅中加入2/3杯水，小火煮约5分钟，连汤汁（汤汁应有2～3大匙）一起盛出。

6
另取一口干净的炒锅，加入植物油烧热，放入肉馅炒熟。

7
锅中加入干红辣椒段和雪里蕻末快速拌炒，加入酱油和白糖后再继续翻炒。

8
炒匀后放入笋丁，转大火继续拌炒。

9
炒至汤汁即将收干时加盐调味即可。

红焖干豆角

| 难度★★

原料 干豆角200克，五花肉50克

调料 盐6克，白糖8克，鸡精3克，葱段、姜片、老抽、料酒各适量，花椒、八角、丁香、桂皮、豆蔻、香叶、陈皮、植物油各少许

制作心得 ◎ 菜出锅前应该捞出香料包，以免影响菜的色泽。

步骤

1 干豆角用温水完全泡开后洗净，沥干水，切成小段。

2 五花肉切成小块，放入开水里余5分钟，捞起后用温水冲净血水。

3 将花椒、八角、丁香、桂皮、豆蔻、香叶、陈皮放入纱布袋中，做成香料包。

4 炒锅放少许植物油，烧至五成热时加入白糖，边加热边用勺子拌炒，炒至白糖完全化开变成红棕色糖汁并冒泡。

5 此时放入五花肉块翻炒，让糖汁均匀裹到肉表面。

6 加入老抽、料酒继续翻炒，炒至五花肉块有些收缩时放入葱段、姜片炒匀。

7 锅里加入温水，放入香料包，盖上锅盖，炖15分钟左右。

8 加盐、鸡精，再炖10分钟，加入豆角段，再炖30分钟至豆角熟透即可。

腊肉荷兰豆

| 难度★★

原料 腊肉 100 克，广式腊肠 100 克，荷兰豆 250 克，红菜椒 1 个

调料 盐、蒜片、香葱段各少许，植物油适量

准备 红菜椒洗净后切成小块。

制作心得 ◎ 将焯水后的荷兰豆放入凉水中也是使其保持鲜艳色泽的好办法。

步骤

1 烧一锅开水，将腊肉用水煮后，捞出备用。腊肠蒸熟备用。

2 腊肉及腊肠分别切成薄片。

3 洗净、择好的荷兰豆放入沸水中焯水。

4 炒锅烧热后加入适量植物油，放入蒜片炒香。

5 将荷兰豆及腊肉片、腊肠片放在锅中翻炒，加入盐调味。

5 成熟后加入红菜椒块及香葱段翻炒均匀即可。

蚂蚁上树 | 难度★★

原料 绿豆粉丝 2 把，猪肉馅 80 克，
红菜椒 1 个

调料 料酒 1 大匙，四川红油豆瓣酱 2/3
大匙，生抽 1/2 大匙，高汤（或清
水）2/3 杯，姜、蒜各 15 克，香葱
（切葱花）1 根，植物油适量

制作心得

◎ 做粉丝的时候，一定要用筷子夹着翻动，不
要用锅铲，以免将粉丝铲断。

◎ 汤汁不要收得太干，否则成品口感不好。

◎ 做这道菜不用放盐，因为豆瓣酱、生抽本身
是咸的。

步骤

1
姜、蒜洗净，均切成蓉。红菜椒洗净，切碎。

2
用凉水将粉丝浸泡半小时，粉丝稍微有些软就可以了，用剪刀剪成段。

3
锅内倒入植物油，冷油放入姜蓉、蒜蓉、红菜椒碎炒香。

4
放入猪肉馅煸炒至熟。

5
放入四川红油豆瓣酱、料酒，炒至出红油。

6
放入泡软的粉丝，用筷子轻轻翻动，将粉丝和肉末混合均匀。

7
倒入高汤、生抽，中火煮开后转小火煮至汤汁即将收干。

8
临出锅前撒上葱花即可。

苍蝇头 | 难度★★

原料 猪肉末 100 克，韭薹 100 克

调料 豆豉 10 粒，盐 1/8 小匙，新鲜小红尖椒 1 个，生抽 1/2 大匙，蒜瓣 2 瓣，姜片 2 片，白糖、鸡精各 1/4 小匙，花生油少许

步骤

1 韭薹洗净，切去两端不能食用的部分，将中段切成 1 厘米长的段。

2 小红尖椒切丁，蒜瓣和姜片切碎。

3 炒锅内放少许花生油，放入猪肉末，用小火煸炒。

4 煸炒至猪肉变成白色，加入蒜碎、姜碎、红尖椒丁、豆豉，继续用小火炒出香味。

5 炒至肉末出油，加入生抽、白糖、鸡精调味。

6 最后加入韭薹段、盐，大火翻炒 30 秒即可。

榄菜肉末炒豆角 | 难度★★

原料 四季豆 250 克，猪绞肉 120 克，橄榄菜 1 大匙

调料 盐、白糖各 1/4 小匙，料酒、生抽各 1 大匙，蒜瓣 2 瓣，新鲜红尖椒 1 个，色拉油适量

步骤

1 将四季豆择去筋，洗净，切成很短的段。蒜瓣剁碎，红尖椒切圈。

2 将少许油烧热，放入四季豆段，调入盐，用小火煸炒。

3 炒熟后盛出，备用。

4 锅内放入蒜碎及猪绞肉，小火煸炒至出油。

5 加入料酒、生抽、白糖及 1 大匙橄榄菜炒匀。

6 最后加入炒好的四季豆段，放入红椒圈，大火炒 1 分钟即可。

制作心得

◎ 四季豆不易入味，炒制时要先放盐。看到豆表皮有点起皱，就说明它已经熟了。

◎ 橄榄菜有咸味，所以肉里只放生抽即可，不用再放盐了。

◎ 橄榄菜是潮汕地区所特有的风味小菜，用橄榄和芥菜制成，味道咸鲜带甜，很适合配粥食用。

干煸肚丝杏鲍菇 | 难度★★

原料 猪肚丝（七分熟）250 克，杏鲍菇 1 根

调料 蚝油 2 小匙，红辣椒段、色拉油各适量，蒜末、香菜段各少许

制作心得
◎ 猪肚丝一定要用沸水汆煮，这样才可去掉腥味。
◎ 加蒜末、红辣椒段是去除猪肚腥味的法宝。

步骤

1 将杏鲍菇洗净后切粗丝。炒锅烧热，倒入色拉油，放入杏鲍菇丝炸制后捞出。

2 炒锅洗净后加入清水，烧开后放猪肚丝煮沸，捞出控干水。

3 将净锅烧热，加少许色拉油，放入蒜末爆香后加入猪肚丝煸炒。

4 煸炒过程中加入蚝油。

5 将炸好的杏鲍菇丝、红辣椒段放入锅中与猪肚丝一同翻炒，出锅装盘撒上香菜段即可。

双椒韭黄
炒腰柳 | 难度★★

原料 韭黄 300 克，猪腰 500 克，青椒丝、红菜椒丝各少许

调料 葱花 10 克，盐 1 小匙，味精 1/5 小匙，白糖 1/2 小匙，植物油 30 克，蒜末适量

制作心得
◎ 烹制这道菜应当用旺火快炒，这样做出来的菜品会更加鲜美。

步骤

1
韭黄择除老叶、黄叶，冲洗干净，切段。

2
将猪腰剖开，除去筋膜及腰臊，洗去血水，切粗丝备用。

3
炒锅置旺火上烧热，倒入适量清水烧沸。将韭黄下锅焯水至断生，捞出沥干水。

4
锅中再放入猪腰丝汆水至断生，捞出沥干水。

5
将炒锅再次烧热，倒入植物油烧至八成热，加入葱花、蒜末爆香，放入韭黄段、猪腰丝、青椒丝、红菜椒丝。

6
调入盐、白糖、味精，翻炒均匀至入味，淋明油（分量外），出锅装盘即成。

干煸肥肠 | 难度★★

原料 猪大肠 350 克

调料 干红辣椒、花椒、香葱、葱段、姜片、盐、味精、花生油、料酒、白糖各适量

步骤

1 将大肠搓洗净，放锅内，加料酒、葱段、姜片，并倒入适量清水煮至熟烂。

2 捞出大肠过凉水，切条。干红辣椒切节，香葱切段。

3 锅内倒入花生油烧热，放入大肠条炸至上色、皮脆，捞出备用。

4 锅中留少许油，放入花椒、干红辣椒节炒出香味。放入炸好的大肠条、香葱段，调入盐、味精、白糖，翻匀出锅即成。

熘肥肠 | 难度★★

原料 大肠450克，青椒段50克，红菜椒段50克

调料 葱段15克，蒜泥5克，八角、桂皮、味精各10克，姜片15克，盐20克，鸡精5克，酱油、福建老酒各10毫升，味极鲜酱油15毫升，水淀粉少许，色拉油、清汤各适量

步骤

1 将大肠清洗干净。取一炒锅，加水烧开，倒入洗净的大肠汆水，捞出洗净。

2 取一高压锅，倒进半锅水，放入大肠，放15克盐，加入八角、桂皮、姜片、福建老酒，将大肠煮烂。

3 取出煮好的大肠，用凉水冲凉，沥干水，切成4厘米长的段。

4 在大肠段中淋入适量酱油上色，待用。

5 炒锅中倒入色拉油烧至八成热，放入上好色的大肠块，爆炒至呈黄色时捞起，沥油待用。

6 另起锅加入少许色拉油，倒入蒜泥、葱段、青椒段、红菜椒段爆炒几下。

7 加入清汤，放进大肠块，调入剩余盐、味精、味极鲜酱油，用水淀粉勾芡出锅即可。

农夫焦熘肠

| 难度★★

原料 猪大肠 350 克，红菜椒 50 克，青椒 50 克，洋葱 50 克

调料 色拉油、盐、味精、白糖、蚝油、干淀粉各适量

步骤

1

将猪大肠洗净，斜刀切成段。

2

红菜椒和青椒分别洗净，切片。洋葱剥去干皮，洗净，切条。

3

炒锅中倒入水，烧开，放入猪大肠段余水。

4

捞起猪大肠段控净水，均匀地蘸上干淀粉，备用。

5

净锅倒入色拉油烧至七成热，倒入猪大肠段炸至外表酥脆时捞起，沥油备用。

6

锅内留底油，放入洋葱条、青椒片、红菜椒片炒香。

7

调入盐、味精、白糖、蚝油，放入猪大肠段迅速翻炒均匀即可。

青椒炒肝尖

┃难度★★

原料 猪肝 250 克，青椒 3 个

调料 蚝油、干淀粉各 2 小匙，盐、蒜末各少许，酱油、料酒各 1 小匙，白糖 1/2 小匙，花生油适量

制作心得

◎ 这是一道快炒的菜肴。火要旺，锅要热。

◎ 留少部分生蒜末在成菜时撒上，味道会更加突出。

◎ 滑炒青椒时也不宜时间过久。

步骤

1 将洗净的猪肝切成 1 厘米左右厚的片。

2 向猪肝片加入少许盐及干淀粉充分抓匀。

3 青椒切成菱形块，用少量花生油滑炒一下后取出。

4 炒锅烧热后加少许花生油，将猪肝片放入锅中滑炒后铲出。

5 炒锅洗净后，重新加入少量花生油，爆香一部分蒜末后再加入猪肝片翻炒。

6 将料酒顺锅边烹入，加入酱油、蚝油、白糖翻炒均匀，放入青椒块均匀，出锅装盘时撒入剩余生蒜末即可。

红烧蹄筋

| 难度★★

原料 发好的牛蹄筋 500 克，黄瓜、笋、油菜各适量

调料 郫县豆瓣酱、料酒、味精、葱丝、姜丝、鲜汤、花生油各适量

步骤

1
黄瓜、笋分别洗净，切片。

2
油菜洗净，下沸水锅焯水后捞出，在盘中摆成一圈。

3
牛蹄筋切成 3 厘米长的段，入开水锅稍煮，捞出。

4
炒锅倒入花生油烧热，入葱丝、姜丝、郫县豆瓣酱炒出香味，烹入料酒。

5
加鲜汤烧开，用小漏勺把豆瓣酱渣捞出。

6
放入牛蹄筋段、笋片，小火慢烧至汤汁浓稠。

7
放入黄瓜片略烧，撒入味精，出锅摆入油菜中间即成。

炒杂烩 | 难度★★

原料 牛里脊 250 克，白菜帮、胡萝卜、竹笋、洋葱、黄瓜各 125 克,菠菜、鸡蛋皮各 50 克,粉丝 60 克

调料 酱油、白糖各 2 小匙，黑胡椒粉、白胡椒粉各 1 克，盐 2/5 小匙，味精 1/3 小匙，香油 1 小匙，植物油适量

步骤

1 将粉丝用温水泡软后捞出，控干，切成段。

2 白菜帮、胡萝卜、竹笋、洋葱、黄瓜均洗净，切成丝。

3 菠菜切成段，鸡蛋皮切丝。

4 牛里脊切丝，放入小碗中，加少许白糖、少许酱油、香油、黑胡椒粉搅拌均匀，腌制 15 分钟至入味。

5 锅内倒入植物油烧至五成热，分别放入牛里脊丝、大白菜丝、粉丝段、胡萝卜丝、竹笋丝、洋葱丝、菠菜段炒熟，盛出。

6 净锅置火上，加植物油烧热，放入所有炒好的原料，调入剩余酱油、剩余白糖、盐、白胡椒粉和味精，炒匀即可。

红酒蘑菇烩牛腩 | 难度★★

原料 牛腩500克，培根肉100克，洋葱1个，口蘑8个，番茄2个，淡奶油50克

调料 黄油少许，黑胡椒碎5克，干红葡萄酒1/2瓶

准备 培根切小块。洋葱切块。口蘑切片。番茄切片，牛腩切块。

步骤

1 锅内加少许黄油烧至化开，放入培根块炒香。

2 洋葱块放入锅中翻炒出香味，并慢慢使其变软。

3 口蘑片加入锅中一起翻炒。

4 最后放入牛腩块，炒至变色。

5 此时将淡奶油加入锅中。

6 放入黑胡椒碎。

7 加入干红葡萄酒使汤汁没过所有食材。

8 汤汁烧开后加入番茄片一起炖制即可。

香辣牛肉粒

| 难度★★

原料 牛肋条 250 克

调料 黄油 10 克，蒜瓣 8 瓣，干红辣椒 100 克，黑胡椒粒 20 克，盐、熟白芝麻、色拉油各少许

制作心得

◎ 煸干红辣椒时掌握不好火候的话，辣椒容易变煳，可以先用清水泡一下再煸炒就不易变煳了。

◎ 黄油与牛肉搭配做出的成品的味道相当好。建议家中可以常备些黄油，平时可以冷藏起来。

步骤

1 牛肋条切成丁。

2 平底锅内加入黄油，小火加热将其化开。牛肋丁放入化开的黄油中，慢慢煎制七八分钟。

3 牛肋丁周边稍现焦黄色时盛出备用。

4 净炒锅烧热后加入少量色拉油，放入干红辣椒小火煸炒，炒至枣红色时铲出，凉凉备用。

5 锅中留少许底油，加入蒜瓣煸香后再加入牛肋丁，大火翻炒后加入黑胡椒粒。

6 将干红辣椒一起倒入锅中翻炒。最后加盐调味，撒入熟白芝麻即可。

麻辣牛肉片 | 难度★★

原料 牛里脊 250 克，芹菜 1 根，鸡蛋 1 个

调料 花椒 10 克，干红辣椒 20 克，花生油、盐、蒜瓣、香葱段各适量，蚝油、酱油、熟白芝麻各少许

准备 芹菜切成斜段，开水焯过，待用。

制作心得
◎ 牛肉不宜久炒。
◎ 干红辣椒、花椒可以一次多炒些出来，用玻璃罐密封起来，备用。

步骤

1
鸡蛋磕入碗中打均匀。牛里脊切片，加入适量盐、蛋液抓匀。

2
炒锅烧热后加入适量花生油，小火将花椒和干红辣椒炒香。

3
炒香的干红辣椒及花椒凉凉后剁碎。炒锅重新加热后，放少量花生油，放入蒜瓣、香葱段爆香。

4
锅中放入牛里脊片大火炒制，同时加入花椒、蚝油、酱油、芹菜段翻炒均匀，出锅后将熟白芝麻和剁碎的干红辣椒和花椒撒上即可。

1

牛里脊顶刀切成小四方粒，加入适量盐抓匀。

2

牛肉粒里加入黑胡椒碎、白胡椒碎、蚝油。

3

加入白糖、香油等其他调味料。将牛肉粒与所有调味料调拌均匀，待用。

4

取一个黄菜椒从 1/3 处切开，去除里面的籽，留黄菜椒外壳作装饰用。另一个黄菜椒和红菜椒一起切成与牛肉粒大小一致的块。炒锅中加植物烧热后放入腌渍好的牛肉粒炒至变色，加入黄菜椒块、红菜椒块翻炒均匀。最后装盘时用去籽的黄菜椒装饰即可。

菜椒牛肉粒 | 难度★★

原料 牛里脊 250 克，黄菜椒 2 个，红菜椒 1 个

调料 黑胡椒碎、白胡椒碎各 5 克，蚝油 2 小匙，植物油、蒜片、盐、香油各少许，白糖 1 小匙

制作心得
◎ 牛里脊腌渍时间要略长一些，使之更加入味。
◎ 牛里脊在腌渍时已经加了蚝油和黑胡椒碎，其咸味已经够大了，所以炒制时不需要再加盐。

豉椒牛肉

| 难度★★

原料 牛后腿肉 300 克，青椒 200 克，蛋清 1 个

调料 豆豉 50 克，酱油、料酒各 2 小匙，盐 2/5 小匙，白糖 $1\frac{1}{2}$ 小匙，味精、胡椒粉各 1/4 小匙，清汤 100 克，葱花、姜丝、蒜泥共 12 克，植物油 800 克，小苏打、香油、水淀粉各适量

步骤

1
牛肉洗净切片，加盐，放一半水淀粉拌匀，腌制入味，上浆。

2
向牛肉片中加入小苏打、酱油、蛋清、少许植物油、料酒拌匀。

3
青椒去蒂、籽，洗净，切片。豆豉剁碎。

4
炒锅烧热，倒入植物油烧至四成热，放入牛肉片滑炒至熟。

5
倒入青椒片焖片刻，捞出，控干油。

6
炒锅留底油，放入葱花、姜丝、蒜泥炝锅，加入牛肉片、青椒片翻炒。

7
加入胡椒粉、味精、白糖、清汤和剁碎的豆豉，用剩余的水淀粉勾芡，翻炒均匀，淋香油后即可出锅。

干煸牛肉丝 | 难度★★

原料 牛肉 400 克，水发竹笋 100 克，西芹 25 克

调料 干红辣椒 25 克，花椒、干淀粉、白糖、味精、花生油、盐、葱花、姜末各适量

步骤

1
牛肉切成丝，加盐腌至入味，均匀地蘸上干淀粉。

2
干红辣椒、水发竹笋、西芹洗净，分别切丝。

3
锅中倒入花生油烧至八成热，放入牛肉丝炸酥，捞出沥油。

4
锅内留少许油，放入葱花、姜末、干红辣椒丝、花椒爆香。

5
倒入炸好的牛肉丝，放入西芹丝、竹笋丝翻炒均匀。

6
加入白糖、味精调好味即可。

牛肉丁豆腐 | 难度★★

原料　豆腐 250 克，牛肉 50 克，蛋清 1 个

调料　料酒、酱油各 $1\frac{1}{2}$ 小匙，白糖 1 小匙，盐 2/5 小匙，郫县豆瓣酱 15 克，葱 10 克，姜末 5 克，味精 1/3 小匙，植物油 700 克（实耗 35 克），水淀粉、葱花各适量

步骤

1
葱切段，郫县豆瓣酱剁细，待用。

2
豆腐切成 2 厘米见方的丁，倒入开水锅中焯一下。

3
牛肉洗净，剔去筋膜，切成 0.5 厘米见方的丁。

4
牛肉丁放入碗中，加酱油、料酒、蛋清、盐、白糖、味精和少许水淀粉搅拌均匀。

5
炒锅内倒入植物油烧至五成热，放入牛肉丁炸至酥松，捞出控油。锅内留少许底油烧热，放葱段、姜末、郫县豆瓣酱煸炒至变色、出香。

6
放入豆腐丁、牛肉丁炒匀，用剩余的水淀粉勾芡，出锅后撒上葱花即可。

黑胡椒牛柳

| 难度★★★

原料 嫩牛肉300克，洋葱1/2个，
红菜椒丝80克

调料 A. 酱油、水、干淀粉、小苏
打各适量
B. 酱油、料酒、黑胡椒粒、
白糖、盐、高汤各适量
C. 蒜末15克，红葱末5克，
盐、香葱末各少许，植物
油适量

步骤

1 牛肉逆纹切丝。洋葱切丝。

2 将调料A调匀，放入牛
肉丝中抓拌均匀，腌制
30分钟。

3 锅中加植物油烧至八成
热，放入牛肉丝过油至
九成熟，捞出。

4 炒锅洗净，置火上，加
油烧热，放入洋葱丝炒
香，加少许盐调味。

5 放入红菜椒丝翻炒片刻，
一起盛出放在盘中。

6 另起油锅，炒香蒜末和
红葱末，加入调料B煮
至浓稠，制成黑胡椒酱。

7 将一半黑胡椒酱淋在洋葱
丝上。

8 将牛肉丝加入锅中拌炒一
下，盛在洋葱丝上，撒上
香葱末即可。

铁板牛柳

| 难度★★★

原料 牛里脊肉 200 克，芹菜、洋葱各适量

调料 泡椒、姜、大葱、蒜、盐、味精、鸡精、白糖、醋、料酒、胡椒粉、水淀粉、鲜汤、香油、植物油、干淀粉各适量

步骤

1 牛里脊肉去筋洗净，切成片，然后用清水洗净血水。

2 捞出牛肉片放入碗中，加少许盐、料酒、水淀粉拌匀，静置 15 分钟至入味。

3 芹菜洗净，切成段。洋葱洗净，切丝。

4 大葱洗净，取葱白切丝。泡椒去蒂及籽，剁成末。姜、蒜去皮洗净，切成末。

5 碗中放入盐、味精、鸡精、白糖、醋、胡椒粉、鲜汤、干淀粉调匀，制成味汁。

6 锅置旺火上，加水烧沸，放入牛肉片汆至断生，捞出。

7 炒锅中加油烧至四成热，放入泡椒末、姜末、蒜末炒香，烹入味汁，烧至汁变浓稠，盛入碗中。

8 铁板中先倒入香油，然后依次投入洋葱丝、芹菜段、葱丝、牛肉片，烹入味汁，盖上盖，烹至香气四溢时即成。

萝卜牛肋条

| 难度 ★★★

原料　牛肋条 500 克，白萝卜 1 根

调料　柠檬片 3 片，番茄沙司 2 小
匙，豆腐乳 1 块，高汤 200 克，
八角 2 颗，花椒 10 粒，桂皮
少许，香叶 2 片，陈皮 1 块，
豆瓣酱 1 小匙，蚝油、色拉
油各适量

步骤

1 凉水锅内放入牛肋条、
柠檬片、八角，加热汆
水后去浮沫。

2 白萝卜切成滚刀块。

3 将白萝卜块放入沸水中
焯烫，去除辛辣口感。

4 取一个大盆，盆内加入
番茄沙司、豆腐乳。

5 将豆腐乳、番茄沙司调匀
后加入高汤，制成料汁。

6 炒锅加热后放入适量色
拉油、桂皮、香叶、陈皮、
花椒、豆瓣酱炒香。

7 放入调配好的料汁和蚝
油用大火烧开。

8 锅内加入牛肋条。牛肋
条炖至七成熟时，在锅
内加入白萝卜块炖煮至
成熟。装盘时放入之前
汆水时用的柠檬片装饰
即可。

板栗桂圆牛肋条 | 难度★★★

原料 桂圆 100 克，板栗 100 克，番茄 1 个，牛肋条 500 克，熟青豆少许

配料 葱末、姜末、蒜末各适量

准备 番茄切块。桂圆剥壳取肉。板栗煮熟，剥壳取肉。

步骤

1. 牛肋条切成小块备用。
2. 炒锅烧热后加入适量色拉油，放入一半的葱末、姜末、蒜末爆香后放入牛肋块煸炒至变色，铲出控干水。
3. 炒锅重新加热后加色拉油，将剩下的葱末、姜末、蒜末爆香后放入番茄块煸炒出红油。
4. 炒好的牛肋块与番茄块混合在一起，加入清水炖煮。锅开后加入桂圆肉、板栗肉同烧至汤汁浓稠，加入少许熟青豆即可。

辣炒羊排 | 难度★★

原料 羊排 500 克，炸花生米 30 克，青椒（切片）1 个，洋葱（切片）半个

调料 柠檬（切片）半个，葱末、姜末、蒜末各适量，小茴香 10 克，百里香少许，花椒 20 粒，干红辣椒（切段）5 个，老干妈辣豆豉 1 小匙，蜂蜜 20 克，花生油适量

步骤

1. 羊排斩成长段。
2. 锅中放凉水，加入柠檬片、花椒、羊排段、小茴香、百里香煮至八成熟后，捞出控干水。
3. 炒锅烧热，加入少许花生油。将葱末、姜末、蒜末、干红辣椒段、老干妈辣豆豉爆香后放入羊排段煸炒。
4. 羊排段炒至色泽均匀后，加入洋葱片、青椒片、炸花生米、蜂蜜翻炒均匀即可出锅。

红焖羊蝎

┃ 难度★★

原料 羊蝎子（剁大块）1根，鸡腿1只，番茄（切片）2个

调料 郫县豆瓣酱4小匙，花椒20粒，八角2颗，姜片少许，花生油适量，桂皮少许，小茴香20克，干红辣椒（剁碎）20克，香叶4片，柠檬（切片）1个，香菜叶少许

步骤

1 鸡腿放入凉水锅中，加入桂皮、1颗八角、姜片煮制30分钟。捞出鸡腿，保留鸡汤。

2 煮锅内放入凉水后加入柠檬片、1/3的小茴香。将羊蝎子块汆水去浮沫后捞出控水。

3 炒锅烧热后加入适量花生油，放入花椒煸香。

4 将干红辣椒碎、郫县豆瓣酱放入锅中炒香。

5 炒香酱料后将羊蝎子块放入锅中，同时将香叶、剩余小茴香、1颗八角、桂皮放入锅中翻炒至所有酱料均匀裹在羊蝎子块上。

6 将用鸡腿熬制的鸡汤加入锅中大火煮开。

7 煮开的羊蝎子块倒入煮锅内，加入番茄片及柠檬片。大火烧开后转成中小火炖制2小时。装盘后用香菜叶装饰即可。

辣炒羊肉丝

┃ 难度★★

原料 羊肉 300 克，苦菊少许

调料 干红辣椒 6 个，盐 2/5 小匙，酱油 $1\frac{1}{2}$ 小匙，葱丝、姜丝、蒜丝共 12 克，料酒 2 小匙，味精 1/4 小匙，胡椒粉 1/4 小匙，香油、花椒水各 1 小匙，植物油 25 克

制作心得

◎ 羊肉放冰箱冷藏室中静置一会儿再切丝，会比较容易切。

◎ 羊肉丝要尽量切得粗细均匀，做出的成菜才漂亮。

步骤

1 羊肉洗净，剔净筋膜，切成丝。

2 羊肉丝用清水浸泡，捞出控干，加料酒、盐、花椒水、胡椒粉拌匀。

3 干红辣椒泡软，切长丝。

4 炒锅烧热，倒入植物油烧至五成热，放入干红辣椒丝煸至变色，取出。

5 将羊肉丝放入油锅中，煸到肉丝呈深黄色时加入干红辣椒丝、姜丝、蒜丝稍煸。

6 加酱油，放入葱丝，淋香油，放味精，炒匀，盛出，用苦菊装饰即可。

葱爆羊肉 | 难度★★

原料 羊肉 250 克，红菜椒丝少许

调料 料酒、酱油、盐、味精、水淀粉、色拉油各适量，大葱 150 克

步骤

1. 羊肉切成片，大葱切成稍长的马耳形的段。红菜椒丝烫熟备用。
2. 羊肉片用水淀粉浆好。锅内放入色拉油烧热，放羊肉片翻炒。
3. 随即放葱段，烹入料酒、酱油、盐、味精，炒匀后出锅即可。装盘时点缀少许红菜椒丝作为装饰品。

板栗红枣烧羊肉
| 难度★★

原料 羊肉 200 克，红枣、板栗（剥壳取肉）各 100 克，苦菊少许

调料 干淀粉适量，白糖、番茄酱各 2 小匙，醋 1 小匙，植物油 500 克（实耗 35 克）

步骤

1. 羊肉用温水洗净，切块，待用。
2. 炒锅置火上，加入植物油烧至六七成热。将备好的羊肉块拍上干淀粉，放入热油锅中炸熟，捞出。
3. 红枣洗净，去核，和板栗肉一起放入沸水锅中焯水，捞出待用。
4. 净炒锅内放少许油烧热，放入羊肉块、红枣、板栗肉，调入白糖、番茄酱、醋烧至入味，淋明油，出锅盛盘。用苦菊装饰即可。

开胃鸡胗 | 难度★★

原料 鸡胗 10 个，莴笋 200 克

调料 蒜瓣 5 瓣，姜、大葱各 20 克，生抽、老抽、料酒各 1 大匙，花生油适量，香油 1/2 小匙，四川红泡椒 4 个，红油豆瓣酱 1/2 大匙，薄荷叶少许

步骤

1. 莴笋去皮，切成火柴棍粗细的丝。四川红泡椒切斜段，姜切丝，大葱切片，蒜瓣拍成碎块。鸡胗切薄片，加料酒拌匀。
2. 炒锅放油烧热，加入鸡胗大火爆炒。加入生抽、老抽，炒至鸡胗变色，盛出备用。
3. 净锅置火上，加入少许油烧热，放入葱片、姜丝、蒜块、四川红泡椒段炒出香味。加入红油豆瓣酱炒至出红油。
4. 加入莴笋丝，大火炒至断生。最后加入炒好的鸡胗片，淋香油出锅。装盘后点缀薄荷叶即可。

姜爆鸭丝 | 难度★★

原料 烤鸭肉350克，红菜椒50克

调料 姜 100 克，酱油、料酒、白糖、花生油各适量

步骤

1. 烤鸭肉切成均匀的丝，姜去皮切细丝，红菜椒切细丝。
2. 炒锅放入适量花生油烧至八成热，放入烤鸭肉丝爆炒。
3. 加入姜丝、红菜椒丝煸炒至断生。
4. 锅中再加入酱油、料酒、白糖炒出香味，出锅即可。

步骤

1 将鸭子斩成寸块。锅中水烧开后放入柠檬片及鸭块。水再次烧开后捞出鸭块及柠檬片。

2 净炒锅内放入植物油烧热，加冰糖，炒到冰糖化开后放入鸭块。待鸭块上糖色后加入适量酱油。

3 将切好的酸豆角段和干红辣椒丝放入锅内与鸭块翻炒均匀。

4 锅中加入开水，水量要没过鸭块，炖煮 50 分钟至汤汁浓稠即可。

酸豆角酱老鸭 | 难度★★

原料 鸭子半只，酸豆角 250 克

调料 酱油 1 小匙，干红辣椒 3 个，冰糖 20 克，柠檬片 2 片，植物油适量

准备 酸豆角用清水冲过后切成寸段。干红辣椒切丝。

制作心得

◎ 鸭子去腥的方法有很多，用白萝卜、柠檬、花椒都能有效去除鸭子的腥味。

◎ 有兴趣的话还可以尝试做酸萝卜老鸭煲。这是一道味道极好的汤煲，发酵后的酸汤与鸭子搭配别具风味。

香辣啤酒鸭

| 难度★★

原料 鸭子1/4只（约400克），青椒、黄菜椒、红菜椒各1个

调料 盐1/4小匙，生抽1大匙，啤酒300毫升，姜30克，蒜瓣7瓣，干红辣椒15克，八角2颗，花椒1小匙，桂皮1块，植物油适量

准备 鸭子洗净斩小块，姜切粗丝，大蒜去皮，青椒、黄菜椒、红菜椒切小块。

步骤

① 锅入少许油烧热，放入花椒爆香，捞出花椒。

② 放入姜丝、蒜瓣、干红辣椒、八角、桂皮，炒出香味。

③ 再放入鸭块，炒至鸭块明显缩小、油脂被逼出来。

④ 倒入盐、生抽、啤酒。

⑤ 加入青椒块，大火烧开后转小火，盖上锅盖，焖至剩1/3的汤汁时，打开锅盖，让酒味散去。

⑥ 待汤汁快收干时，放黄菜椒块、红菜椒块炒至断生即可。

鸭蓉玉米 | 难度★★

原料 鸭肉 250 克，火腿 10 克，玉米粒（罐头装）100 克，蛋清 1 个

调料 葱油、料酒、鸭油各 2 小匙，味精 1/5 小匙，鸡汤 75 克，盐 2/5 小匙，水淀粉 20 克，香葱（切葱花）少许

步骤

1
火腿切末。将鸭肉洗净，剔去筋膜，剁成鸭蓉。

2
将鸭蓉装入碗内，用少许鸡汤调开。

3
再加入蛋清、水淀粉、盐、料酒搅匀，放入玉米粒、剩余鸡汤、味精搅拌一下，制成鸭蓉玉米。

4
炒锅烧热，倒入葱油，放入调好的鸭蓉玉米，旺火快炒。

5
待炒成糊状时淋上鸭油，撒上火腿末，出锅装盘后点缀葱花即可。

干煸豆豉鸭 | 难度★★

原料　生鸭1只（约重1200克），洋葱50克，红菜椒丝少许

调料　豆豉50克，蒜泥、姜片、葱段共30克，料酒2大匙，盐1/3大匙，味精3/5小匙，植物油60克，水淀粉1大匙，葱花适量

步骤

1　鸭宰好洗净，剁成块。

2　鸭块放入容器中，加葱段、少许姜片、少许料酒、少许盐腌渍。

3　洋葱剥去皮，切丁。锅中加少许植物油烧热，将洋葱丁炒香，盛出备用。

4　炒锅置旺火上烧热，倒入剩余植物油，放入剩余姜片、蒜泥煸香，再放入洋葱丁、豆豉、鸭块一同翻炒。

5　加入剩余料酒、水、剩余盐、味精，小火煮20分钟后用水淀粉勾芡，撒上葱花，装盘点缀红菜椒丝即可。

制作心得

◎ 做菜用的鸭子要选肉质较嫩的。

◎ 这道菜豆豉的用量要大，让风味浓郁。

奇味焖鸭 | 难度★★

原料 老鸭 500 克，红菜椒 1 个

调料 姜 6 克，尖椒、葱各 15 克，盐 5 克，味精 3 克，花雕酒、酱油、胡椒粉、植物油各适量

制作心得 ◎ 一定要将鸭肉炒干，这样吃起来才香。

步骤

1 鸭洗净，剁成块。

2 尖椒洗净，切段。红菜椒洗净，切片。葱切段，姜切片。

3 锅中倒入适量植物油烧热，爆香葱段、姜片，放入鸭块，大火炒至鸭肉变色出油，再放入尖椒段、红菜椒片，加适量花雕酒翻炒片刻，再加适量水，转中火焖煮 10 分钟。

4 将焖煮过的食材转入煲内，用小火煲至汤汁稍干。

5 加入其他调味料调味即可。

韭香鸭血

| 难度★★

原料 鸭血（盒装）400 克，韭菜 150 克

调料 色拉油、盐、味精、姜丝、料酒、香油各适量

制作心得 ◎ 韭菜炒至断生后放入鸭血炒匀即可。注意不要将其炒碎。

步骤

1 将鸭血从包装盒中取出，切成长条。

2 韭菜择洗净，切段。

3 炒锅上火，倒入水烧沸，放入鸭血条汆水，捞起沥干水。

4 净锅上火，倒入色拉油烧热，放入姜丝爆香，烹入料酒。

5 再加入韭菜段炒至八成熟，调入盐、味精。

6 再放入鸭血条迅速翻炒均匀，淋香油，装盘即可。

虾仁滑蛋 | 难度★

原料　鲜基围虾100克，鸡蛋1个

调料　盐1小匙，花生油适量，香葱末少许

步骤

1
锅中烧水，水开后放入鲜虾汆烫。鸡蛋打成蛋液备用。

2
虾变色后捞出。降温后去掉头尾，剥去外壳，挑去虾线，取虾仁备用。

3
锅烧热，刷一层花生油，将蛋液倒入，摊成蛋饼。

4
用铲子将蛋饼卷起，推到锅的一边，放入虾仁。

5
将蛋饼铲碎，加入盐。

6
与虾仁一起翻炒均匀，装盘后撒入香葱末即可。

蛋网鲜虾卷 | 难度★★

原料 鸡蛋3个，面粉、胡萝卜、荷兰豆各50克，蒸熟的土豆1个，鲜虾仁10个，黄瓜50克

调料 黑胡椒碎2克，奶香沙拉酱2大匙，花生油适量，迷迭香、青豆各少许

步骤

1 鸡蛋磕入碗中，打散。用细网筛入面粉，再用细网将蛋粉混合物过滤一遍。倒入一次性裱花袋内，在裱花袋前端剪一个小孔。

2 胡萝卜洗净去皮，切成半指宽的细条，用开水焯两三分钟。黄瓜切成与胡萝卜同宽的条。

3 荷兰豆切成细条，用开水焯2分钟，直至颜色变成深绿色。

4 虾仁放入开水锅内汆至变色捞出。将汆熟的虾仁对半切开。

5 将蒸熟的土豆凉凉后装入密封袋内，连拍带打将之碾成土豆泥。

6 土豆泥内加入1大匙奶香沙拉酱和黑胡椒碎。

7 不粘锅内放少许油并抹匀。手持裱花袋在锅内横竖挤压，形成网格，加热10秒翻面再加热即可出锅，制成蛋网。重复上述步骤，制成10个蛋网。

8 注意取出的蛋网要用保鲜膜封好，保持湿度和软度。将蛋网平铺在菜板上，依次将土豆泥捏成长条状平铺在最下面，以便粘住上面的食材。最后将适量的黄瓜条、胡萝卜条、荷兰豆条、虾仁卷入蛋网。用此法将剩下的材料做完。在每个蛋网上插入1朵迷迭香，再在盘中点缀几粒青豆即可。

海鲜木须蛋 | 难度★★

原料 比管鱼 150 克，鸡蛋 2 个，黄瓜、水发木耳、胡萝卜各 10 克

调料 色拉油、盐、味精、香油、葱丝、姜丝各适量

步骤

1 将比管鱼处理干净，切成大小均匀的块。

2 黄瓜、胡萝卜均切菱形片，木耳撕成块。

3 鸡蛋打入容器中制成蛋液，加入比管鱼块，调入少许盐、味精拌匀。

4 炒锅加入适量色拉油烧热，倒入蛋液和比管鱼一起炒熟，盛出备用。

5 净锅上火，倒入色拉油烧热，放入葱丝、姜丝爆香，放入胡萝卜片煸炒。

6 再放入黄瓜片、木耳块，调入盐、味精，再加入之前炒好的比管鱼和鸡蛋翻炒均匀，淋香油即可出锅。

什锦鸡蛋豆腐 | 难度★★

原料 鸡蛋2个，干香菇2朵，黄瓜1/3根，胡萝卜1小段，大明虾2个，鱿鱼20克

调料 盐4克，水淀粉2大匙，香油1小匙，鸡汤1小碗，芹菜叶少许

步骤

1 将鸡蛋磕入碗中，倒入60毫升凉开水搅打均匀，加入3克盐搅拌均匀，制成蛋液。

2 将蛋液过筛，倒入硅胶蒸蛋器皿中，盖上盖子。水凉时入锅，水开后蒸5~8分钟至蛋液蒸熟凝固，制成鸡蛋豆腐。

3 大明虾洗净，去头、壳和虾线，取虾仁，将虾仁先片成两片后，再切成虾仁粒。

4 提前将干香菇洗净泡发，洗净控干水，切成小粒。黄瓜去瓤，和胡萝卜、鱿鱼一起切成小粒，备用。

5 锅中放入鸡汤，先下入胡萝卜粒和香菇粒煮2分钟，再放入黄瓜粒、鱿鱼粒和虾仁粒，放入1克盐调味，煮至虾仁粒变色、汤沸腾后加入水淀粉勾芡，烧至浓稠。关火淋上香油，即成什锦汤汁。

6 将蒸蛋器倒扣，让鸡蛋豆腐脱模。把烧好的什锦汤汁浇到鸡蛋豆腐上，点缀芹菜叶装饰即可。

香椿煎鸡蛋 | 难度★★

原料　香椿一把，鸡蛋 2 个

调料　盐少许，色拉油适量

步骤

1 将香椿极嫩的香椿芽与较粗的部分分别处理。留出少许香椿叶最后装饰用。

2 香椿芽洗净控干水后放入碗中。将鸡蛋磕入碗中。

3 将较粗的部分剁碎，与香椿芽混合。

4 在混合好的材料内加入适量盐调拌均匀。

5 平底锅烧热后加入色拉油，待油温升至八成热时，加入 1 汤匙香椿蛋液糊。煎至蛋液凝固即成。依上述方法煎完所有的蛋液糊，放香椿叶装饰即可。

辣炒小黄鱼

┃ 难度★★

原料 小黄鱼2条，红菜椒丝少许

调料 蒜瓣5瓣，干红辣椒3个，香葱2根，小茴香5克，盐1/2小匙，色拉油、姜片各适量，料酒1小匙

准备 香葱切段，干红辣椒切圈。

制作心得 ◎ 腌渍小黄鱼时加些料酒，可以起到去除腥味的作用。

步骤

1 小黄鱼处理干净后斜刀切成块，均匀撒上盐，滴入料酒，腌渍2小时以上。

2 炒锅烧热后加入色拉油，油温升至八成热时，放入鱼块炸至呈金黄色。

3 炸好的鱼块放入笊篱中控出多余的油。

4 炒锅留少许底油。蒜瓣用刀拍裂后，放入炒锅中煸出香味。

5 加入干红辣椒圈、小茴香及炸好的鱼块迅速翻炒。

6 最后将切好的香葱段和红菜椒丝加入锅中，翻炒均匀，出锅即可。

酸菜水煮鱼 | 难度★★

原料 新鲜草鱼1条，四川酸菜100克，东北酸菜100克

调料 泡椒50克，干红辣椒、姜片、熟白芝麻、葱花各少许，料酒5毫升，白胡椒粉5克，色拉油、香油各适量

准备 草鱼宰杀后洗净。

制作心得

◎ 两种酸菜都含有盐，所以不用再加盐了。

◎ 加入鱼骨熬鱼汤，成品会更加鲜香可口。

步骤

1 两种酸菜分别切成小碎块。

2 草鱼处理干净后从中间片开，剔出鱼骨。鱼骨及鱼头备用。

3 斜刀将草鱼肉片成1厘米左右厚的鱼片。

4 片好的鱼片内淋入料酒，加入白胡椒粉抓匀。

5 锅烧热，加少许油将鱼骨炸至两面金黄后放入开水、姜片，加盖煮至鱼汤呈奶白色，捞出鱼骨，留鱼汤备用。

6 洗净锅后再次将炒锅烧热，加入适量色拉油，用葱花炝锅后放酸菜和干红辣椒煸炒至熟透。

7 将鱼汤倒入锅中，再将炒好的酸菜放入鱼汤里烧开。

8 加入鱼片并迅速搅开，直至鱼片呈奶白色。淋入香油，出锅后撒上熟白芝麻即可。

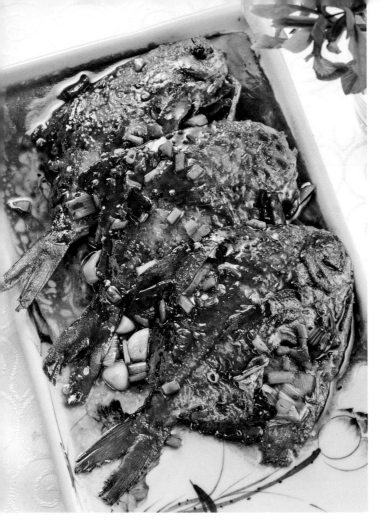

辣烧鲳鱼

| 难度★★

原料 鲳鱼 500 克，面粉适量

调料 白糖、蚝油各 2 小匙，陈醋 50 毫升，干红辣椒 2 个，花椒少许，色拉油、葱段、姜块、蒜块、酱油、盐各适量，香葱（切葱花）少许

制作心得
◎ 运用先做糖色的方法制作出的烧鲳鱼会有红烧肉的口感。
◎ 海鱼制作不当的话，腥味会比较重，所以调料要适量多放一些。

步骤

1 鲳鱼洗净，将内脏处理干净。炒锅烧热，加入适量色拉油及花椒。在鲳鱼两面轻拍些干面粉，放入锅中煎制。

2 待鲳鱼煎至两面金黄，取出装入盘中。

3 陈醋倒入小碗中，加入葱段、姜块、蒜块、蚝油、盐和适量清水，调成料汁。

4 净炒锅烧热后加入适量色拉油，放入白糖，炒至糖全部化开。

5 将鲳鱼放入锅中，快速晃动使糖色均匀分布在鱼身表面。

6 将料汁烩入锅中，用大火烧开，撒上切碎的干红辣椒，滴少许酱油直至汤汁浓稠即可出锅，装盘后撒入少许葱花装饰。

笋干烧刀鱼

| 难度★★

原料 燕笋干 200 克，刀鱼 250 克

调料 葱末、姜末、蒜末各少许，干红辣椒 4 个，蚝油 3 小匙，白糖 2 小匙，陈醋 4 小匙，酱油 1 小匙，八角 1 颗，老抽 1/3 小匙，色拉油适量

准备 刀鱼择好，洗净。燕笋干提前 4 小时泡发，切去较坚硬的根部。干红辣椒切成小段。

制作心得 ◎ 刀鱼虽然味美，但是小刺太多，不太适合给小孩子食用。

步骤

① 平底锅烧热，放入色拉油，油热后放入刀鱼煎制。

② 将刀鱼煎至两面金黄色。

③ 洗净锅后再次将炒锅烧热，倒入色拉油，用葱末、姜末、蒜末炝锅后放入燕笋干煸炒。

④ 燕笋干内加入蚝油、酱油、白糖、陈醋、八角，加清水没过燕笋干。

⑤ 再将刀鱼放入锅中烧制。

⑥ 汤汁浓稠时加入干红辣椒段，点入 1/3 小匙老抽调色即可。

醋烹带鱼 | 难度★★

原料　带鱼1条，面粉适量

调料　花椒5粒，八角1颗，葱段、姜块、蒜末、色拉油各适量，蚝油1小匙，醋3小匙，白糖2小匙，盐少许，干红辣椒（切小段）2个

制作心得

◎ 挑选带鱼时要选色泽银亮、品相完整的。

◎ 宽于四指且中段有突出的骨刺者为深海带鱼，其肉质紧实，腥味较重，不易入味。

◎ 清洗带鱼时，鱼腹中的一层黑膜一定要去除干净。

步骤

1 清洗好的带鱼均匀蘸上干面粉后轻轻拍打，使之两面均匀裹满面粉，再将多余面粉去除。

2 炒锅热后放入色拉油、花椒，油温达到七八成热时放入带鱼。

3 将带鱼炸至两面金黄后，取出凉凉，再复炸一遍。

4 将蚝油、醋、白糖、盐、适量清水调和均匀后做成料汁。

5 洗净锅，再次将炒锅烧热后加入适量色拉油。

6 将葱段、姜块、蒜末、八角、干红辣椒段放入锅中煸香。

7 将调好的料汁倒入。

8 汤汁烧开后将煎好的带鱼放入，一直烧至汤汁刚刚没过带鱼，再转大火烧至汤汁浓稠即可。

炸烹银鱼

| 难度★★★

原料 银鱼 400 克，鸡蛋 150 克

调料 葱末、姜末、香菜段、盐、绍酒、鸡精、胡椒粉、白糖、干淀粉、清汤、香油、酱油、植物油各适量

步骤

1 银鱼去头，洗净，捞出沥干。

2 将银鱼放入碗中，加盐、绍酒、胡椒粉、鸡精拌匀，腌渍 30 分钟。

3 鸡蛋磕入碗中搅散，制成蛋液。银鱼先用干淀粉裹均，再放入蛋液内，让每条银鱼上都挂匀蛋液。

4 取一小碗，根据个人口味，放入适量的酱油、绍酒、盐、白糖、胡椒粉、鸡精和清汤调成味汁。

5 锅置火上，加适量植物油烧至六成热，将挂匀蛋液的银鱼逐条下锅，炸至呈金黄色时捞出。

6 锅中留少许底油，爆香葱末、姜末，倒入炸好的银鱼。

7 烹入调制好的味汁翻炒均匀，淋入香油，装盘，放香菜段加以点缀即可。

醋爆鱼丁

| 难度★★

原料 净鳜鱼肉 400 克，蛋清 2 个，牛奶 50 克，红菜椒粒少许

调料 葱段、姜片、蒜末共 15 克，醋 2 小匙，料酒 1 大匙，味精 2/5 小匙，水淀粉 10 克，鸡汤 75 克，盐 3/5 小匙，植物油 25 克

制作心得
◎ 切的鱼丁的大小要一致。
◎ 调味时调成咸鲜味，口味不宜过重。

步骤

1

鳜鱼肉洗净，切成 1 厘米见方的小丁，加少许盐搅拌上劲。

2

蛋清搅打均匀，将鱼丁放入打匀的蛋清中，加点水淀粉挂浆。

3

锅内加水烧开，放入少许醋逐个拨入挂好浆的鱼丁，煮约 1 分钟后捞出，过凉水。

4

炒锅烧热，放少许植物油，加入姜片、葱段炝锅，之后拣出葱段、姜片，加料酒、鸡汤略炖片刻。

5

放入鱼丁，加剩余盐、味精调味，用小火焙至入味。

6

待汤汁剩一半时将汤倒出，放入牛奶，加蒜末，用剩余水淀粉勾芡。

7

淋明油，翻炒均匀，轻轻倒入盘内，加入红菜椒粒即可。

抓炒鱼条 | 难度★★

原料 净青鱼肉 300 克，鸡蛋 1 个，面粉适量

调料 料酒、白糖各 1 小匙，盐 3/5 小匙，香醋 1/2 大匙，鸡汤 80 克，葱末、姜末、蒜末共 12 克，植物油 800 克（实耗 35 克），香油 3/5 小匙，干淀粉、味精、水淀粉、香菜各适量

步骤

1
净青鱼肉切成较粗的长条，用少许盐、料酒、葱末、姜末腌渍入味，备用。

2
在容器中磕入鸡蛋打散，调入面粉、干淀粉、水、少许盐搅打均匀制成蛋糊，待用。

3
鱼条挂匀蛋糊，放入热油锅中炸至呈金黄色，捞出控油。

4
用白糖、剩余料酒、剩余盐、味精、鸡汤、水淀粉调成料汁，再加入香醋，待用。

5
净锅置火上，加入少许植物油，煸炒蒜末，烹入料汁。

6
放入鱼条翻炒，淋上香油，出锅装盘，用香菜装饰即成。

滑炒鱼片 | 难度★★

原料 新鲜鱼肉 300 克，青椒丝、红菜椒丝各少许，鸡蛋清 1 个

调料 葱丝、姜丝、盐、料酒、水淀粉、鲜汤、香油、色拉油各适量

步骤

1 将鱼肉切成片加入蛋清抓匀，加少许盐、料酒、水淀粉拌匀，上浆。

2 炒锅倒入色拉油烧至五成热，下鱼肉片滑散至八成熟，倒出沥油。

3 炒锅留少许油烧热，放葱丝、姜丝爆香，烹入料酒。

4 放入鱼片，加盐及少量鲜汤烧开。

5 用水淀粉勾芡，淋上香油，出锅后撒上青椒丝、红菜椒丝即成。

鲇鱼烧茄子

| 难度★★

原料 鲇鱼 400 克，茄子 300 克

调料 盐、味精、胡椒粉、白糖、料酒、醋、酱油、葱片、姜片、蒜片、熟猪油、高汤、植物油、香葱段各适量

制作心得 ◎ 鲇鱼先氽水处理后再烹制，可减少其腥味。

步骤

1 将鲇鱼处理好，洗净，切片。

2 鲇鱼片下开水锅氽水，捞出沥干。再将鲇鱼片放入八成热的油锅内炸至呈微黄色，捞出控油。

3 茄子洗净，切块备用。

4 锅内加熟猪油烧热，放入葱片、姜片、蒜片爆香，加高汤烧沸。

5 放入鱼块、茄片，烹入料酒、酱油、醋，炖 25 分钟。

6 锅中加入白糖、盐、味精、胡椒粉，再炖 5 分钟。出锅装盘后撒上香葱段即可。

香煎鲅鱼 | 难度★★

原料 鲅鱼 300 克

调料 大葱（切末）1 根，大蒜（拍碎）2 头，
姜丝 8 克，盐 4 小匙，酒、白糖、鸡精、
酱油、豆豉、色拉油、香葱末各适量

制作心得 ◎鲅鱼刺少肉多，且多脂肪，适合香
煎或者蒸花腩。

步骤

1. 鲅鱼直刀切大块，加盐腌 4 个小时左右至入味。
2. 锅内放油加热，放入鲅鱼块，用中小火煎至
鲅鱼块两面呈金黄色。
3. 倒入姜丝、葱末、蒜碎、豆豉、白糖、鸡精
翻炒。
4. 待闻到葱和蒜出香味后，再加入适量酱油和
少许酒翻炒，炒至收汁后装盘，撒上香葱末
装饰即可。

香辣鳗鲡 | 难度★★

原料 鳗鲡 500 克，青椒 20 克

调料 大葱 30 克，色拉油、盐、味精、料酒、
干红辣椒、香油、蚝油各适量

步骤

1. 鳗鲡处理干净，在鱼身两侧先切斜刀（注意
不要切断），再切成段。大葱直刀切段，青
椒洗净切块。干红辣椒纵向切长段。
2. 净锅上火，倒入色拉油烧至三成热，放入鳗
鲡鱼段滑熟，捞起控净油。
3. 锅内留底油，放入葱段、干红辣椒段炒香。
炒锅内烹入料酒，调入蚝油。
4. 放入鳗鲡鱼段、青椒块翻炒，再调入盐、味
精翻炒均匀，淋香油即可。

台湾客家小炒 | 难度★★

原料 猪五花肉150克,干鱿鱼95克,五香豆干2块,
芹菜30克

调料 鸡精、盐各1/4小匙,白糖、黑胡椒粉、蚝油、
姜蓉、蒜蓉各1小匙,生抽、料酒各2大匙,
香葱20克,香菜10克,植物油1大匙,红
尖椒1个

准备 干鱿鱼先用凉水发6小时,洗净,切丝;五
香豆干切条;芹菜、香葱、香菜分别择洗净,
切段;红尖椒洗净,切粗丝。

制作心得

◎ 干鱿鱼不可泡发太久,不可加碱
泡,用清水浸泡2小时至稍微有
些硬即可。泡得太软就不适合做
这道菜了。

◎ 最后要收干汤汁,做出的成品口
感才好。

步骤

① 将五花肉放入锅中煮熟,捞出,用凉水冲凉后切成小长条。

② 锅入1大匙植物油烧热,放入五香豆干条炒至表面呈金黄色,捞起备用。

③ 锅留底油烧热,放入部分葱段、姜蓉、蒜蓉炒至出香味。

④ 放入切好的五花肉条,用小火煸炒至肉条表面呈金黄色。

⑤ 再放入鱿鱼丝翻炒片刻。倒入100毫升清水及少许香菜段,再加入除香葱段、黑胡椒粉、红尖椒丝之外的剩余调料,盖上锅盖,大火煮开后转小火焖煮片刻。

⑥ 煮至水收快干时,加入炒好的五香豆干条。

⑦ 再加入红尖椒丝,翻炒至汤汁收干。

⑧ 临出锅前半分钟放入芹菜段,翻炒均匀。

⑨ 最后放入黑胡椒粉,出锅前撒剩余香菜段即可。

西蓝花炒鲜鱿 | 难度★★

原料 西蓝花、鲜鱿鱼各 200 克，红菜椒、香菇各少许

调料 色拉油 100 克，花生油 10 克，盐 5 克，鸡精 8 克，醋 8 毫升，葱末、姜末各少许

1 将西蓝花、红菜椒、香菇洗净，分别处理成大小适中的块和片，放入沸水锅中焯水后捞出。

2 鲜鱿鱼处理干净，改剞花刀，再切成大小适中的片。将鱿鱼花片放入沸水锅中汆烫至卷起、断生，捞出，即成鱿鱼卷。

3 烫好的鱿鱼卷放入已加热到八成热的色拉油锅中稍炸，捞出。

4 净炒锅倒入花生油烧热，下西蓝花块、红菜椒片、鱿鱼卷、葱末、姜末、香菇片及其他调料，翻炒 3 分钟即可。

肉丝炒鱿鱼

| 难度★★

原料 猪肉（瘦肉）100 克，鲜鱿鱼 250 克，干香菇 10 克

调料 熟猪油、葱末、味精、水淀粉、白糖、香油、酱油、料酒、香醋、肉汤各适量

步骤

1
鲜鱿鱼处理干净，切成丝。弃掉鱿鱼须，做其他菜用。

2
鱿鱼丝入沸水锅稍氽，捞出沥净水。

3
加入料酒、味精、酱油腌制。

4
干香菇用温水泡发，取出洗净，去掉根蒂，切丁。猪瘦肉洗净，切丝。

5
锅内放入熟猪油烧热，放入葱末煸香。

6
放入猪肉丝、鱿鱼丝、香菇丁煸炒片刻。

7
加入肉汤、白糖、香醋烧沸，用水淀粉勾芡，滴入香油即可。

干煸鱿鱼

| 难度★★

原料 鲜鱿鱼1条，蒜苗、青椒、红菜椒各适量

调料 火锅底料、姜片、蒜片、干红辣椒节、花椒、生抽、白糖、料酒、胡椒粉、香油、植物油各适量

制作心得

◎ 煸炒鱿鱼时要用锅铲不时地压一下，让鱿鱼尽量干一些。

◎ 炒后的鱿鱼会明显收缩。如果有一层紫色的杂质粘在锅底，可用铲子铲除。

步骤

1 鲜鱿鱼洗净，处理好。

2 将鲜鱿鱼切成稍粗的条。蒜苗择洗干净，切段。青椒和红菜椒洗净，切条，备用。

3 锅上火烧热，用植物油滑一下锅，放鱿鱼条，用小火煸出水分。

4 净锅上火，加少许植物油烧至温热，放入姜片、蒜片、火锅底料、干红辣椒节、花椒、青椒条、红菜椒条炒香。

5 放入煸干的鱿鱼条，调入生抽、白糖、料酒、胡椒粉翻炒。最后放入蒜苗段炒至断生，淋香油即可出锅。

泰汁鲜鱿

| 难度★★

原料 鲜鱿鱼1条

调料 泰汁酱100克（依据个人口味调整），柠檬汁、植物油、熟白芝麻、香葱末各少许

制作心得

◎ 没有泰汁酱的话，酱汁可以自己调配。面酱、葱花、芝麻混合均匀，就是不错的酱汁。

◎ 鱿鱼煎制七八分钟，呈七分熟状态即可。煎制时间过长吃起来会觉得硬。

步骤

1 鲜鱿鱼洗净去外皮，露出雪白的鱿鱼肉，在侧面斜划几刀。注意不要划得太深，更不可切断。切下鱿鱼须备用。

2 平底铁锅放入少许植物油烧热，加入除鱿鱼须外整条改刀的鲜鱿鱼，小火煎制。

3 煎制过程中用铲子轻轻按压住鱿鱼，使里面的汁水慢慢释放出来。

4 此时再将鱿鱼须放入锅中一起煎制，鱿鱼受热后会收缩。

5 煎制七八分钟后就可将全部鱿鱼铲出，切成条。

6 泰汁酱放入锅中，加热后放入柠檬汁，调匀后涂抹在煎好的鱿鱼条上，撒上熟白芝麻和香葱末即可。

鱿鱼红烧肉 | 难度★★

原料 五花肉块 500 克，干鱿鱼 1 只（约 120 克）

调料 香葱（打成结）5 根，姜片 2 片，八角 2 颗，蒜瓣 3 瓣，冰糖 30 克，生抽 4 大匙，料酒 2 大匙，老抽 2 小匙，食用碱（或小苏打粉）1 大匙，蚝油、花生油、香菜叶各适量

步骤

1. 将用食用碱浸泡至软的鱿鱼打上十字花刀，将鱿鱼尾、身切块，鱿鱼须切段。将鱿鱼汆烫至卷起，捞出沥干即成鱿鱼卷。

2. 锅烧热后加入花生油，烧至八成热时加入五花肉块，加香葱结、姜片、蒜瓣、八角，炒出香味，将五花肉块和香料全部盛出。炒锅内留少许油，放入冰糖。

3. 炒至冰糖化成糖浆，并变成褐色，加入五花肉块和香料，翻炒均匀。此时加入鱿鱼卷、生抽、老抽、蚝油、料酒。

4. 加入开水，加盖大火烧开，转小火煮约 50 分钟，夹出香料，继续小火烧 10 分钟，再开盖煮至汤汁浓稠，出锅装盘，用香菜叶装饰即可。

葱爆八带 | 难度★★

原料 八带 500 克

调料 色拉油、盐、味精、生姜各适量，香菜叶少许，大葱 10 克

步骤

1. 将八带处理干净，切成段。

2. 大葱择洗干净，切成段。姜切成片。

3. 炒锅上火，倒入水烧开，放入八带段汆熟，捞出，沥水。

4. 净锅上火，放入色拉油烧热，放入姜片、葱段爆香，加入八带段，调入盐、味精炒匀。盛出装盘后点缀香菜叶装饰即可。

油焖年糕小海蟹 | 难度★★

原料 年糕1袋，小海蟹500克

调料 葱末、蒜末、姜末少许，蚝油4小匙，白糖2小匙，色拉油适量

准备 年糕放入水中，水开后煮制10分钟，捞出放入凉水中过凉。

步骤

1 年糕沥干，备用。

2 将小海蟹洗净后从中间切开。

3 炒锅烧热后加入油将小海蟹块炸熟。

4 炸好后的小海蟹块捞出凉凉备用。

5 炒锅重新烧热后加入色拉油，加入葱末、姜末、蒜末爆香。

6 锅内加入蚝油、酱油、白糖烧至汤汁滚开。

7 向汤汁中倒入开水，同时加入年糕，烧开。

8 炸好的小海蟹均匀放在年糕上，用大火烧至汤汁浓稠即可。

酱爆小海蟹

| 难度★★

原料 海蟹 10 只，洋葱半个，青椒 2 个，面粉适量

调料 色拉油适量，香葱（切末）3 根，姜末、蒜末各 10 克，豆瓣酱、蚝油各 2 小匙

准备 洋葱和青椒洗净，切块后放入锅中迅速煸炒一下。

步骤

1 海蟹洗净，控干水。

2 将海蟹后脐盖掀开，把里面处理干净。

3 用刀中后端将海蟹对半切开。

4 切开后的海蟹块切面部分蘸上少量面粉。

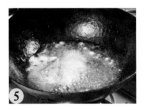

5 炒锅烧热，放入色拉油，待油温升至八成热时放入海蟹块炸制。

6 海蟹块炸至橘红色时捞出凉凉。

7 炒锅内重新放少量色拉油，油热后加入葱末、姜末、蒜末爆香，放入豆瓣酱、蚝油炒香，加入适量清水。

8 将海蟹块放入料汁内炒匀，加入青椒块、洋葱块翻炒均匀即可。

蟹柳烧冬瓜 | 难度★★

原料 蟹足棒 100 克，冬瓜 250 克，青椒少许

调料 葱花、水淀粉各 8 克，盐 3/5 小匙，味精 1/5 小匙，白糖 1/2 小匙，植物油 25 克

步骤

1

冬瓜、蟹足棒、青椒洗净后分别切成 4 厘米长的条，备用。

2

锅中加入适量清水，置旺火上烧沸，将冬瓜条和蟹足棒、青椒条一起烫一下，捞出沥水，备用。

3

炒锅烧热，倒入植物油，待油温升至七八成热时下葱花炝锅，放入冬瓜条、青椒条、蟹足棒翻炒。

4

加入盐、白糖、味精调味，用水淀粉勾芡，淋明油（分量外），出锅装盘即成。

辣炒钉螺 | 难度★★

原料 钉螺 500 克

调料 色拉油、盐、味精、白糖、干红辣椒段、酱油、葱末、姜末、
蒜末、香油各适量，香菜 30 克

步骤

1 钉螺洗净泥沙，沥干水。

2 香菜择洗干净，切成段。

3 净锅上火，倒入色拉油烧热，
放入干红辣椒段、葱末、姜末、
蒜末炒香。

4 炒锅内烹入酱油，放入钉螺煸
炒 1 分钟。

5 倒入适量水，调入盐、味精、
白糖，中火炒至成熟。

6 撒入香菜段，淋香油即可。

辣炒花蛤 | 难度★★

原料 花蛤 500 克

调料 色拉油、酱油、白糖、葱末、姜末、蒜末、干红辣椒段、香油各适量，香菜 100 克

步骤

1 花蛤吐净泥沙后洗净，控干水。

2 香菜择洗干净，切成段。

3 净锅上火，倒入色拉油烧热，放入葱末、姜末、蒜末、干红辣椒段炒香。

4 炒锅内烹入酱油，下入花蛤翻炒至张口。

5 放入香菜段，调入白糖，迅速翻炒均匀，淋香油即可。

葱姜炒花蛤

┃ 难度★★

原料 花蛤 500 克

调料 盐 1/8 小匙，白糖 1 小匙，鸡精 1/4 小匙，料酒 3 大匙，白胡椒粉 1/4 小匙，姜丝 30 克，香葱(切段)2 根，新鲜红椒(切丝)1 个，大蒜(切碎)4 瓣，生抽、植物油各 1 大匙

步骤

1 将花蛤放在加入了少许盐的水中静置 3 小时，让其吐净泥沙。

2 生抽、剩余盐、白糖、鸡精、1 大匙料酒、白胡椒粉放入碗中，加 1 大匙开水调匀成味汁。

3 锅内放清水，加入少许姜丝、2 大匙料酒，大火煮开，放入花蛤煮至壳张开，捞起。

4 花蛤放入清水中，逐个清洗干净里面的泥沙。

5 炒锅放油烧热，放姜丝、蒜碎、红椒丝小火炒香，放葱段炒香，加味汁烧开。

6 加入花蛤，大火快速翻炒 1 分钟，至调味料均匀裹在花蛤上即可盛盘。

制作心得

◎ 花蛤吐沙这一步很重要，没有吐净沙的话炒好后吃起来会硌牙。为了保证花蛤内没有残存的泥沙，汆烫后还要多换几次水清洗。

◎ 花蛤汆烫后如果没有开壳，说明加工前就是死的，不宜再吃，一定要丢弃。

◎ 炒花蛤时加入大量的姜和香葱，是为了给花蛤去腥味。

葱烧大连鲍扣山药 | 难度★★

原料 大连鲍5只，淮山药1根

调料 葱白（切去根）2根，蚝油4小匙，白糖2小匙，老抽1/3小匙，高汤适量，色拉油少许

准备 烤箱预热180℃。大连鲍去壳，洗净，将侧面黑膜刷净。葱白切成小段。

制作心得 ◎ 装盘时将葱段置于鲍鱼上可以添加葱香味。

步骤

1 淮山药洗净，不需要去皮，掰成长段，放入烤箱中层。将烤箱温度调至180℃，时间为20分钟，用上下火烤制。

2 在大连鲍洗净后去壳，鲍鱼肉表面改十字花刀。高汤烧开后将鲍鱼肉放入，用大火煮15分钟后关火，闷制片刻即成鲍鱼花，煮鲍鱼的汤汁留用。

3 炒锅烧热后放入色拉油及葱段，煸出香味后铲出，葱油保留在锅中。将蚝油与白糖混合成料汁备用。

4 淮山药烤熟后斜着用手掰成小段。锅内葱油烧热加入鲍鱼花、料汁及煮鲍鱼的汤汁，开大火将汤汁收浓。先将淮山药段摆放在盘中，再将烧好的鲍鱼花扣在淮山药段上，将葱段置于鲍鱼花上，淋上汤汁即可。

墨鱼年糕炒娃娃菜 | 难度★★

原料 鲜墨鱼仔 250 克，花样小年糕 100 克，娃娃菜 2 棵

调料 姜末少许，盐 2 小匙，植物油、柠檬汁各适量

准备 在墨鱼仔中放入柠檬汁，腌制片刻，焯水去掉部分腥味。
娃娃菜过油断生。

步骤

1 年糕放入开水中煮 10 分钟。煮时向年糕中加 1 小匙盐，避免年糕粘在一起。

2 炒锅烧热后加入适量植物油，放入姜末爆香。

3 墨鱼仔和年糕一起放入锅中翻炒。

4 放入娃娃菜，翻炒均匀后加 1 小匙盐调味即可。

Part 4

孩子爱吃

鲜奶土豆泥 | 难度★★

原料　土豆2个，草莓3个，草莓味炼乳10克，甜奶油50克，奶酪20克

调料　黄油10克，黑胡椒碎2克

步骤

1. 草莓切成小块。土豆去皮对半切开后，入锅蒸20分钟，直至用筷子轻戳会陷下去。盛出稍凉凉后，装入保鲜袋中捣成土豆泥。在土豆泥中挤入草莓味炼乳，继续搅拌土豆泥至细滑柔软。

2. 平底锅内放入黄油加热使其化开。将土豆泥捏成自己喜欢的形状，放入锅中煎至两面金黄后取出。

3. 分别取适量奶酪放在煎好后的土豆泥前段。奶锅中倒入甜奶油，稍加热后放入黑胡椒碎调匀，烧成奶油汁。

4. 最后将奶油汁均匀地浇至土豆泥尾端，加草莓块装饰即可。

麦香什锦炒牛奶
| 难度★★

原料　鲜牛奶100毫升，蛋清2个，火腿1块，胡萝卜1根，燕麦片少许，豌豆50克

调料　干淀粉1小匙，细砂糖1小匙，盐1/2小匙，花生油适量，薄荷叶少许

步骤

1. 燕麦片用清水浸泡。锅中烧水，水开后放入豌豆焯烫3分钟，捞出沥干。火腿、胡萝卜分别切成小丁。

2. 将牛奶倒入搅拌器内，再倒入蛋清。

3. 加入泡软的燕麦片，充分搅打均匀，备用。向打匀的燕麦蛋奶液中调入干淀粉、细砂糖和盐。

4. 锅中加少许油，烧至四成热，倒入燕麦蛋奶液，以中小火慢慢翻炒，直至其凝固成糊状。加入火腿丁、胡萝卜丁和豌豆，一同翻炒至燕麦蛋奶液凝固即可。装盘后点缀薄荷叶装饰即可。

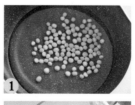

橙汁藕夹 | 难度★★

原料 莲藕 1 节，猪肉馅 50 克

调料 姜末少许，酱油 1 小匙，香油、浓缩橙汁、白糖各 2 小匙，
干淀粉、植物油各适量

步骤

1 在猪肉馅里加入酱油、香油和姜末调拌均匀。

2 莲藕洗净去皮，切成厚一点的片。

3 将猪肉馅均匀地涂抹在藕片上，在表面拍打上干淀粉。

4 炒锅烧热后放入适量植物油，将藕片煎至两面金黄。

5 另取一锅，放入浓缩橙汁后再加入白糖和清水，大火烧至浓稠。

6 将调制好的浓稠料汁淋在炸好的藕片上即可。

软煎香菇饼

| 难度★★

原料 鲜香菇6~7朵，鸡蛋2个，红菜椒丝、黑豆各少许

调料 盐、香油、植物油各适量，香菜、香葱各少许，干淀粉50克

用具 圆形模具（没有的话也可用洋葱圈代替）

准备 香菇切成小碎丁。

步骤

1 鸡蛋磕入碗中，与大部分香菇丁混合在一起。留出少许香菇丁装盘时装饰用。

2 香菜切碎加入其中。再将一部分香葱切成小段加入其中，即成馅料。另一部分香葱分别切长段和葱花备用。

3 馅料里加入干淀粉，使所有食材更加黏，加入适量盐调味。

4 最后淋入适量香油，调成香菇糊。

5 平底锅烧热后，加入少许植物油，将香菇糊倒入圆形模具内。

6 小火慢慢煎至香菇饼成形且两面均呈金黄色，出锅后摆盘，用留出的香菇丁、香葱段、红菜椒丝、葱花、黑豆做出造型即可。

1 锅内加入清水，放入柠檬片、八角、五花肉块，烧至水开后去浮沫，捞出控干水。

2 慈姑去皮，切成滚刀块。将红腐乳、番茄沙司调和均匀，做成料汁后待用。

3 炒锅烧热后加入色拉油、冰糖烧至化开，起青烟时放五花肉块翻炒至糖色均匀。慈姑块放锅内炒均匀铲出。

4 炒锅洗净后放色拉油，加香葱段、姜片，放入五花肉块和慈姑块。料汁内加热水，放锅中烧开转小火炖制1小时。出锅后装盘时点缀迷迭香装饰即可。

外婆红烧肉 | 难度★

原料 五花肉1000克，慈姑3个

调料 红腐乳2块，番茄沙司2小匙，柠檬片2片，香葱段250克，姜片4片，八角适量，冰糖、迷迭香、色拉油各少许

准备 五花肉改刀切成1厘米见方的小块。

橙汁里脊条

难度★★

原料 里脊肉 500 克，鸡蛋 1 个

调料
A. 白糖、干淀粉各 3 小匙，盐、猪油各少许
B. 浓缩橙汁 3 小匙，番茄酱 2 小匙，白糖 1 小匙，姜末、蒜末各少许
C. 熟白芝麻 1 小匙，植物油适量

制作心得

◎ 单纯使用浓缩橙汁，成品颜色会浅一些，味道也没有那么厚重。

◎ 浓缩橙汁和番茄酱都比较酸，所以在调料汁时需要在里面加白糖，可以中和一下酸味。

◎ 如果觉得里脊条炸一遍不够酥脆的话，可以再炸一次。

步骤

1 里脊肉切成 3 厘米宽的条，加入白糖、盐抓匀。

2 将鸡蛋和干淀粉加入里脊肉条内。给里脊肉条上浆后，封上一层猪油后静置 15 分钟。

3 炒锅烧热后倒入植物油，油温达到七成热时，放入浆好的里脊肉条，炸至呈金黄色。待油表面没有大泡时即可捞出。

4 将调料 B 中的所有材料调和成料汁，待用。

5 炒锅加热后将料汁倒入锅中烧开，再加适量清水烧至浓稠。

6 将炸好的里脊肉条倒入锅中快速翻炒，将料汁全部裹匀后撒上熟白芝麻即可。

焦糖果圈松阪肉 | 难度★★★

原料 松阪肉 250 克，苹果 2 个，新鲜核桃仁 20 克

调料 白糖 1 小匙，柠檬 1/2 个，黑胡椒粒 10 克，色拉油适量，黄油、薄荷叶各少许

准备 松阪肉切成手指宽的条备用。

步骤

1
用去核器将苹果中间的核剔出，将苹果切成苹果圈。

2
将半个柠檬的汁挤在苹果圈上，防止苹果变色。

3
平底锅烧热，放入黄油慢慢化开后加入松阪肉条煎至肉条边上略带焦黄色。

4
炒锅充分烧热后加入适量色拉油及白糖。

5
随即放入苹果圈进行翻炒，直至糖色均匀挂在苹果圈上，即可装入盘中。

6
煎制好的松阪肉条与新鲜核桃仁混合炒制。撒上黑胡椒粒炒匀后盛出，摆在苹果圈上。

7
挤过柠檬汁的柠檬皮切成小粒，撒到装盘的松阪肉条和核桃仁上，点缀上薄荷叶即可。

菠萝鸡翅

| 难度★★

原料 鸡翅中 10 个，菠萝 1 个

调料 白糖 2 小匙，柠檬片 3 片，冰糖 8 粒，薄荷叶少许，色拉油、清汤各适量

准备 鸡翅中从中间斩成两半。菠萝切成与鸡翅中块大小相同的块。

步骤

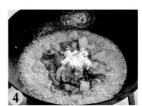

1. 斩好的鸡翅中块放入水中，加入柠檬片煮开后捞出控干水。

2. 炒锅烧热后放入色拉油及冰糖，待冰糖完全化开后，放入鸡翅中块，翻炒均匀。

3. 炒锅洗净后重新烧热，放入菠萝块翻炒至呈半透明状。

4. 将鸡翅中块与菠萝块同置于锅中烧制，加入清汤烧开。再加入白糖后继续将汤汁烧至浓稠，出锅后用薄荷叶装饰即可。

菠萝鸡丁 | 难度★★

原料	鸡胸肉 250 克，菠萝 1 个，青椒、红菜椒各 1 个，腰果仁 100 克

调料	盐 2 小匙，葱花、姜末各少许，植物油适量

准备	鸡胸肉切丁。青椒和红菜椒均切丁。锅烧热倒入植物油，油凉时用小火将腰果仁慢慢炸熟。

制作心得

◎ 菠萝外壳还要装盘使用，所以挖取果肉时不要将其外壳损坏。

◎ 腰果仁不要放入得太早，会影响口感。

1 将菠萝横着从 1/5 处切开，用刀将菠萝肉划开，深度约为果肉深度的 2/3。

2 剔出菠萝肉，切成丁状，放少许盐腌渍一下，待出水后食用更佳。菠萝壳留用装盘。

3 鸡肉丁加入少许盐抓匀，放入烧热植物油的炒锅中滑炒。

4 炒锅烧热，倒入适量植物油烧热后放入葱花和姜末炝锅，加入鸡肉丁、青椒丁、红菜椒丁、腰果仁翻炒均匀。

5 最后加入菠萝丁，加剩余盐调味，出锅后放入已经挖好的菠萝壳内即可。

松茸鸡肉丸 | 难度★★

原料　鸡胸肉 250 克，干松茸 20 克，莲藕 1 节

调料　盐、酱油、香油各少许，白糖、番茄沙司、浓缩橙汁各 2 小匙

准备　干松茸泡发后剁成松茸碎。

步骤

1 鸡胸肉放入料理机内，加少许盐打成泥状。

2 鸡肉泥里加入酱油、香油混匀。

3 莲藕切成圆片后，再改刀切成 1/4 片。

4 藕片垫入锅中备用。

5 鸡肉泥团成丸子状，中间按出一个小窝。

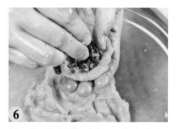

6 将剁好的松茸碎包入鸡肉丸的小窝内。

7 包好的鸡肉丸放在预先放置的藕片上，蒸制 15 分钟。

8 蒸好的鸡肉丸和垫着的藕片一起摆放在盘中。

9 番茄沙司内加入白糖及浓缩橙汁，调匀烧至浓稠后淋在鸡肉丸上即可。

萝卜焖鲤鱼 | 难度★★

原料 鲤鱼 400 克，白萝卜 300 克，绿豆粉丝 50 克

调料 姜片 4 片，蒜瓣 2 瓣，大葱 1 棵，盐 1 小匙，白胡椒粉 1/16 小匙，香葱碎少许，花生油适量，红辣椒圈 3 粒

制作心得
◎ 粉丝很容易熟，不需要煮太长时间，临出锅前 1 分钟再放即可，不然粉丝会把汤汁都吸干。

步骤

1
鲤鱼处理干净。白萝卜去皮，切圆片。粉丝用凉水泡软。蒜瓣剥去皮，拍裂。将大葱绿色叶子择去，葱白部分分别切成小圆段和细长丝。将葱丝穿过红辣椒圈留用。

2
平底锅烧热，放入花生油烧热。将鲤鱼表面水擦干后放入锅内，用中小火煎制。煎至一面呈金黄色时翻面，加入葱段、姜片、蒜瓣炒香，待两面都呈金黄色时加入清水。

3
水煮开后加入萝卜片，盖上锅盖，大火烧开后转小火煮 15 ～ 20 分钟。

4
至汤色转为奶白色，加入盐、白胡椒粉调味。临出锅前加入泡软的粉丝，再煮 1 分钟即可出锅。装盘后将白萝卜片和粉丝摆在鱼的的两侧，将穿有葱丝的红辣椒圈放在鱼上，撒香葱碎。

杏鲍菇龙利鱼丸 | 难度★★

原料 杏鲍菇1个，龙利鱼鱼肉片1片，鲜虾仁10个，青豆30克

调料 黑胡椒粒5克，盐、蒜末各少许，橄榄油10克，色拉油20克，蚝油、白糖各1小匙

步骤

1
用黑胡椒粒、盐及橄榄油将龙利鱼鱼肉片腌渍30分钟。

2
将龙利鱼鱼肉片、虾仁同时放入料理机内搅拌成肉泥。

3
肉泥搅拌上劲后加入少许色拉油，搅拌均匀。

4
杏鲍菇切成滚刀块。

5
炒锅烧热后加入剩下的色拉油，将搅好的肉泥捏成鱼丸，放锅中炸制成熟，捞出备用。

6
蒜末炝锅后放入杏鲍菇块煸炒至微微有焦黄色，加入蚝油、白糖翻炒均匀。

7
锅内加入鱼丸、青豆与杏鲍菇块同时翻炒即可。

三文鱼丸 | 难度★★

原料 三文鱼肉200克,鲜芦笋4根,淡奶油1小匙,面包糠10克,鸡蛋1个

调料 植物油适量,黑胡椒粒、盐各少许

准备 鲜芦笋去皮后焯水至断生,摆盘做装饰用。黑胡椒粒碾碎

1 将三文鱼肉切成1厘米厚的大片,再改刀将鱼肉片切成小丁。

2 将面包糠、盐加入三文鱼肉丁中。将鸡蛋也磕入碗中。

3 将上述材料搅拌均匀,每20克团成一个鱼丸,制成若干个鱼丸备用。

4 炒锅加入适量植物油,至油八成热时放入鱼丸,炸至呈金黄色捞出。淡奶油中加入少许碾碎的黑胡椒粒,加适量水,入锅中加热,出锅后淋在三文鱼丸子上,配上鲜芦笋装饰即可。

避风塘虾仁 | 难度★★

原料 虾仁 500 克，面包糠 500 克，鸡蛋 2 个，面粉 50 克

调料 蒜末 20 克，盐少许，植物油适量

准备 挑出虾仁内虾线。

1

将鸡蛋磕入碗中，搅打成全蛋液，加入面粉，待全蛋液与面粉混合成面糊后加入盐。

2

炒锅烧热后加入植物油，当油温达到八成热时，将虾仁蘸面糊后放入锅内炸至呈金黄色，捞出凉凉。

3

炒锅洗净后再次倒入植物油加热，放入面包糠，小火翻炒至面包糠微微发黄，盛出备用。

4

锅内留底油，放入蒜末小火炸至呈金黄色，凉凉备用。将炸好凉凉的蒜末与面包糠混合后，再放入炸好的虾仁，下锅重新加热翻炒均匀即可。

橙汁虾球 | 难度★★

原料　鲜虾仁 10 个，蛋清 1 个

调料　白糖、干淀粉各 1 小匙，柠檬 1/2 个，浓缩橙汁 100 克，辣根 20 克，色拉油适量

制作心得

◎ 加入柠檬汁会使料汁变得更加馨香。

◎ 如果没有浓缩橙汁，可用鲜榨橙汁代替，但白糖就要多加入一些。

步骤

1 鲜虾仁去除虾线。

2 浓缩橙汁与白糖混合。

3 取半个柠檬，向上一步的混合汁内挤入柠檬汁调匀，混合成料汁备用。

4 将蛋清加入虾仁内抓匀。

5 把干淀粉均匀包裹在虾仁上。

6 挤入适量辣根，调匀后静置 20 分钟。

7 炒锅烧热后加入适量色拉油，待油温升至八成热时，放入虾仁炸至成熟。

8 锅内留少许底油，将混合后的料汁加入锅中。

9 大火烧至料汁浓稠后再放入炸好的虾仁翻炒均匀即可。

金沙玉米虾仁 | 难度★★

原料 虾仁 500 克，甜玉米粒（罐头装）1 罐，菠萝肉少许，面粉 10 克，鸡蛋 2 个

调料 干淀粉 20 克，色拉油适量，盐少许

准备 将虾仁内虾线挑出。

制作心得 ◎ 将玉米粒裹上干淀粉是因为怕里面有水，炸制时会溅出油。

步骤

1
玉米粒控干水，加入干淀粉裹匀。菠萝肉切小丁备用。

2
炒锅烧热后加入适量色拉油，油温八成热时，将玉米粒炸至呈金黄色，铲出凉凉备用。炸玉米的油盛出留用。

3
鸡蛋磕入碗内加入面粉和成面糊，加入适量盐调味。

4
炒锅烧热后加入刚刚炸过玉米的油。将虾仁裹匀鸡蛋面糊，放入锅中炸熟。最后将炸好的玉米粒与虾仁、菠萝丁混合炒匀即可。

芝香猪排 | 难度★★

原料 猪里脊肉片（大片）500 克，鸡蛋 1 个

调料 白芝麻 200 克，白胡椒粉 2 克，盐、色拉油、桂花酱（或其他酱料）各少许

1

猪里脊肉片反复用刀背轻敲 2～3 遍，使肉质变松散。

2

猪里脊肉片中加入少量盐抓匀。将白胡椒粉加入猪里脊肉片中。

制作心得

◎ 猪里脊肉片要反复轻敲 2～3 遍，能使其肉质变得松散，易于成熟，口感鲜嫩。

◎ 加入鸡蛋能有效锁住猪里脊肉片的水分，食用起来鲜嫩多汁，且芝麻不易脱落。

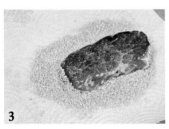

3

将鸡蛋磕入碗里，搅打成全蛋液放入猪里脊肉片中，与之前的调料一起抓匀，腌制半小时。腌制好的猪里脊肉片均匀蘸满白芝麻，待用。

4

平底锅烧热后加入适量色拉油。将猪里脊肉片放入锅中煎至两面成熟，食用时将猪里脊肉片切成小块，搭配桂花酱或其他酱料均可。

酥炸小云吞 | 难度★★

原料 云吞皮 100 克，猪肉馅 50 克，胡萝卜、芹菜各 1 根，
水发香菇 6 个

调料 盐、香油、色拉油各适量

制作心得 ◎ 包云吞时，在馅料周围的云吞皮上抹水是为了使云吞皮更好地黏合，煮制过程中不会散开。

步骤

1 将胡萝卜洗净，切成小碎末。

2 芹菜、香菇切碎后混合在一起，加盐、香油调味，与猪肉馅、胡萝卜末混合后搅拌均匀，制成云吞馅料。

3 云吞皮置于手掌，将调好的馅料置于云吞皮中间，四周抹上水。将云吞皮对折，斜角粘住。包成元宝状的云吞。

4 炒锅内加入适量色拉油，油温八成热时加入元宝云吞炸制，待云吞全部浮出油面即成熟。